GERT G. VON HARLI
BIRTE KEIL

Auf Rehe und Sauen

Praxistipps für Jäger

KOSMOS

Teil I – Praxistipps Rehwildjagd

Teil II – Praxistipps Schwarzwildjagd

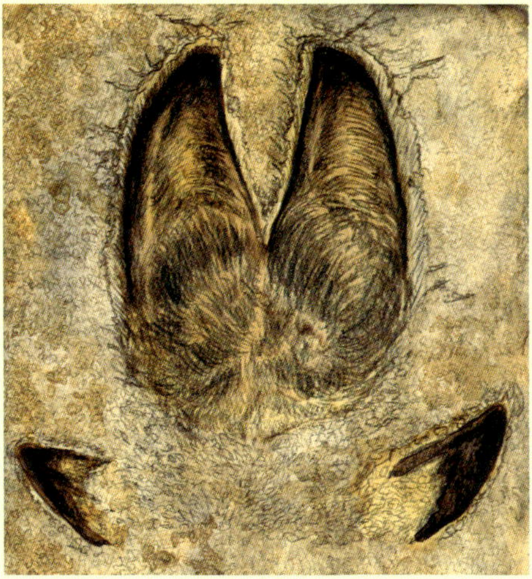

Teil I – Praxistipps Rehwildjagd

Vorwort

„Nach meiner Überzeugung werden in 20 Jahren Rot- und Schwarzwild aus der freien Wildbahn in Deutschland völlig verschwunden sein. In 50 Jahren dürfte auch das Rehwild der Sage angehören, und nur in den Wildparken reicher Großgrundbesitzer wird noch der zweifelhafte Genuss der Jagd auf numeriertes Parkwild möglich sein – als Abendröte, die andeutet, dass die Sonne des deutschen Waidwerks untergegangen ist.“

Gottlob haben sich Oberländers düstere Vorahnungen, die er 1906 in „Das deutsche Weidwerk und seine Zukunft“ äußerte, bis heute nicht bewahrheitet. Im Gegenteil: Die Reh- und Schwarzwildbestände und damit die Jahresstrecken beider Wildarten in Deutschland zeigten über lange Zeit einen deutlichen Aufwärtstrend und halten sich seit vielen Jahren auf hohem Niveau – das trotz Einschränkung des Lebensraumes. Reh- und Schwarzwild, heute des deutschen Jägers liebste Kinder, sind die häufigsten Schalenwildarten unserer heimischen Reviere, und jeder aktive Jäger hat wohl die Gelegenheit, sie zu bejagen.

Während die Monografien der 1920er- und 1930er-Jahre der Bejagung dieser Wildarten noch großen Raum widmeten, befasste sich die später folgende Fachliteratur vornehmlich mit eher theoretischen Aspekten ihrer Biologie und Naturgeschichte sowie der Hege. Die Bejagungspraxis kam dabei recht kurz. Diese Lücke will dieses Buch schließen.

Schon die ersten beiden Auflagen von „Praxistipps Rehwildjagd“ fanden ebenso wie die Titel „Praxistipps Schwarzwildjagd“ und „Schwarzwild erfolgreich bejagen“ ein großes Echo in der Leserschaft. Rasch waren sie vergriffen.

Ich bin froh und dankbar, dass sich der Kosmos Verlag zu einer Neuausgabe beider bewährter Bücher in diesem Doppelband entschlossen hat, obwohl inzwischen zahlreiche Bücher über die Jagd und die Hege von Reh- und Schwarzwild in Deutschland erschienen sind.

Ich hoffe weiterhin auf ein reges Interesse der Jäger- und Leserschaft an den Tipps für eine erfolgreiche Reh- und Schwarzwildjagd.

Lüneburg, zur Zeit
des Schnepfenstrichs

Gert G. von Harling

Rehwildbiologie für die Praxis

Verhalten des Rehwildes

Der Jagderfolg auf unser Rehwild ist abhängig von der jeweiligen Jahreszeit. Zwar spielt die gesamte Jagdzeit vom 1. Mai bis zum 15. Oktober für die Jagd auf den Bock für sehr viele Jäger eine maßgebliche Rolle, aber es ist von großem Nutzen, die in jedem Revier unterschiedlichen Gewohnheiten und Verhaltensweisen der Rehe im Verlauf des gesamten Jahres zu kennen, um Rückschlüsse auf das allgemeine Verhalten des Wildes und die Erfolgsaussichten der Jagd zu ziehen.

In den Wintermonaten konzentriert sich Rehwild im begrenzten Umkreis auf bestimmten Äsungsflächen, andere Revierteile wirken dann mitunter, als seien sie „rehwildrein". Erst wenn die Schneedecke verschwindet, die Saat auf den Feldern wieder zu sprießen beginnt, ziehen die Rehe voller Heißhunger auf das erste frische Grün zu ihren Frühjahrs- und Sommereinständen zurück. Dann sieht man sie sonnenliebend, ja sonnenhungrig während des Tages im Windschutz von Hecken oder an Waldrändern ruhen.

Im Frühjahr ist das hungrige Rehwild auch öfter am hellen Tag zu sehen.

Besonders an lichten Südhängen, in geschützten Kulturen und Wiesen oder auf der frischen Saat kann man Rehwild nun mit Vorliebe bei Sonnenschein während des ganzen Tages beobachten und sich einen guten Überblick über den Bestand verschaffen.

Frühjahrs- und Sommeraktivitäten

Ohne Frage ist eine erfolgreiche Bejagung des Rehwildes zwischen Anfang Mai und Ende August insofern einfach, als es in dieser Zeit auch bei gutem Licht sehr aktiv ist. Allerdings gibt es von etwa Mitte Juni bis Anfang Juli noch einmal einige Tage, an denen die Rehe wieder fast „unsichtbar" werden (s. S. 9).

Einstandskämpfe

Im März/April beginnen die Territorialböcke, ihre Einstände mit Duftstoffen durch Fegen und Plätzen zu markieren und sie gegen Konkurrenten zu vertei-

Jährlinge werden vom Platzbock nicht in dessen Einstand geduldet.

digen. Das Gehörn ist bereits gefegt und wird erst im Herbst wieder abgeworfen.

Das Alter der Böcke bestimmt die Rangordnung: Je mehr Böcke gleichen Alters im Revier stehen, desto eher kommt es zum Kampf.

Einstandskämpfe zwischen älteren Böcken finden häufiger und erbitterter statt, wenn die Wilddichte höher und (oder) die Äsung in den Einständen dürftig ist. Einjährige Böcke besitzen meist kein eigenes Territorium, weil sie es gegen einen älteren Bock nicht verteidigen können. Sie fechten aber untereinander schon eine Rangordnung aus.

Setzen und Brunft

Die Ricken setzen zwischen Mitte Mai und Mitte Juni ihr Kitz bzw. ihre Kitze und werden 60 bis 65 Tage nach dem Setzakt wieder brunftig. In den Gebieten Norddeutschlands beginnt die Brunft Ende Juli und dauert bis in den August hinein. Je südlicher die Reviere gelegen sind, desto später endet sie. In Süddeutschland und Österreich trifft man noch Mitte August auf brunftende Rehe.

Vor der Brunft verhalten sich Rehböcke in der Regel sehr heimlich. Die Einstandsgrenzen sind längst geklärt und wie der Rothirsch in der Feistzeit wird auch der Rehbock faul und sammelt Reserven für die bevorstehende Brunft. Die auffällige Inaktivität der Rehe von etwa Mitte Juni bis Anfang Juli hängt allerdings auch mit der Sonnenwende zusammen.

Tag- und Nachtaktivität

Im Juni/Juli ziehen viele Rehe verstärkt nachts oder bei Dunkelheit umher, während sie am Tage ruhen. Ganz besonders bei Vollmond sind sie nachts aktiv, wohingegen sie – das gilt für das gesamte Jahr – bei Neumond viel häufiger am Tage bzw. bei gutem Tageslicht zu beobachten sind.

Hoher Energiebedarf – viel Äsung

Die Einstandskämpfe der Böcke, der Haarwechsel, das Setzen und Säugen der Kitze durch die Ricken und die anschließende Brunft sind in hohem Maße energiezehrende Aktivitäten, die allerdings in eine Zeit fallen, in der Wildtiere das vielseitigste Nahrungsangebot des gesamten Jahres vorfinden.

Die Äsung ist jetzt eiweißhaltig, zart, leicht verdaulich und meistens im Überfluss vorhanden. Zudem bietet hoher Bewuchs allem Wild reichlich Schutz und Deckung, sodass die Äsungsaufnahme in relativer Ruhe erfolgen kann.

Verhaltensmuster im Winter

Zwischen November und März ändert sich das Verhaltensmuster der Rehe erneut. Das Äsungsangebot wird wieder knapper, eiweißärmer, mitunter hartfaseriger und somit schwerer verdaulich. Deshalb benötigt das Wild längere Zeit für das Wiederkäuen.

In dieser Phase entzieht sich das Rehwild meistens den Blicken des Jägers. Ältere Böcke werden dann wieder verträglicher. Rehe, die bisher einzeln standen, bilden kleine Sprünge oder auch größere Verbände, und außer Flucht bzw. Fluchtbereitschaft beschränken sich die Aktivitäten auf Äsungssuche, Äsen, Ruhen, Schlafen und Wiederkäuen.

Möglichst wenig Energieverbrauch

Wenn es kalt wird, sparen Rehe sorgsam Energie. Alle unnötigen Aktivitäten werden dann eingeschränkt. Die lichthungrigen und lichtaktiven Rehe sind nach meinen Beobachtungen im Winter über Mittag häufiger auf den Läufen als im Sommer; es scheint, als hätten sie das Bedürfnis, Sonne zu tanken (Vitamin D!). Aktiver sind sie aber nur am Tag. Sie ruhen bzw. schlafen, sobald die Sonne untergegangen ist. Ihr Schlafbedürfnis ist im Winter größer als im Sommer: Während Rehe im Sommer über ein Dutzend Äsungsphasen am Tag durchlaufen, sind es im Winter deutlich weniger.

Tagesrhythmus

Um Jagderfolg zu haben, sollte man den normalen Tagesablauf des Wildes kennen und wissen, in welcher Jahreszeit, bei welcher Witterung und zu welcher Uhrzeit es besonders aktiv und somit leichter zu bejagen ist und wann es kaum Erfolg verspricht, ihm nachzustellen. Jedes Tier hält innerhalb seiner Lebensgewohnheiten eine bestimmte Zeiteinteilung ein. Bei unserem Wild wird diese vor allem

Der Aufbau des neuen Gehörns und der Haarwechsel bedeuten für den Rehbock erhöhten Energiebedarf.

durch den Menschen, dessen Arbeitsrhythmus auf dem Feld und im Wald oder durch seine Freizeitaktivitäten bestimmt. Sie ist von Revier zu Revier unterschiedlich.

Äsungssuche, Äsen, Wiederkäuen und Ruhen – grob geschätzt zu je einem Viertel des 24-Stunden-Tages – bestimmen den Tagesablauf. Wie erwähnt, hängen Äsungs- und Ruheperioden aber auch von der Tageslänge und dem Sonnenstand ab, und natürlich dem Energiebedarf: Er ist beim weiblichen Wild während der Trächtigkeit und des Säugens, bei den Böcken während des Gehörnaufbaus und der Einstandskämpfe erhöht.

In unserer Kulturlandschaft bleibt dem Wild nur wenig Zeit, über die es frei verfügen kann. Wir Jäger sollten uns daher hüten, diese durch übermäßiges Pirschen oder Ansitzen in den frühen Morgen- und späten Abendstunden noch mehr einzuengen. Es ist nämlich vor allem der Mensch, der das Wild zu vermehrter Nachtaktivität und zu größeren Fluchtdistanzen zwingt.

Tagesaktivität

Mein Großvater, ein erfolgreicher Rehwildjäger, erlegte keinen seiner zahlreichen Rehböcke vor acht Uhr morgens. Das mag auch an der Bequemlichkeit

Wenn am Morgen die ersten Sonnenstrahlen wärmen, wird das Rehwild aktiv.

des alten Herrn gelegen haben, aber fest steht für mich: Die meisten Rehe sind keine Frühaufsteher! Ohnehin müssen sie aufgrund des vergleichsweise kleinen Pansens ja in regelmäßigen Abständen Nahrung aufnehmen, um die im Sommer bis zu 15 Äsungsphasen am Tag zu schaffen. Im Winter ist es dagegen sinnvoller, während der kältesten (Nacht-)Zeit Energie zu sparen.

Zu Beginn des Tages sind Wiesen und Felder noch taunass. Erst wenn die wärmende Sonne aufsteigt, wird das Rehwild aktiv. So ruht der Bock im Sommer oft noch bis nach Tagesanbruch und bummelt erst anschließend bei Licht umher.

Unter Mittag meidet Rehwild Wiesen, andere deckungslose freie Flächen sowie – bei hohem Jagddruck – potenzielle Hochsitzstandorte und äst stattdessen lieber im lichten Stangenholz oder am Rande kleiner schattiger Blößen. Erst abends, im Sommer mitunter auch schon spätnachmittags, tritt es auf größere Freiflächen.

Für die Tagesaktivitäten des Rehwildes spielt, wie erwähnt, der jeweilige Stand der Sonne eine Rolle. Nach dunklen Nächten lässt es sich besonders vormittags häufiger beobachten als nach hellen. Mir hat oft das Beobachten der Aktivitäten anderer Wiederkäuer geholfen: des Viehs auf der Weide oder einer Schafherde. Diese reagieren auf bestimmte Wetterlagen, ähnlich wie das Rehwild, mit Gelassenheit, Nervosität oder Unruhe.

Territorialität und Wanderungen

Rehe sind „Individualisten“: Bock und Ricke leben territorial. Jungwild oder andere Artgenossen des jeweils anderen Geschlechts werden aber im eigenen Territorium meistens geduldet.

Rehwild ist äußerst standorttreu, und Lebensräume, die Ruhe und Äsung bieten, werden von ihm nur zögernd verlassen. Untersuchungen ergaben, dass sich der überwiegende Teil markierter Rehe zeit ihres Lebens nicht weiter als 1 000 m von dem Ort entfernten, an dem sie gesetzt worden waren. Weibliche Stücke erwiesen sich dabei als noch standorttreuer als Böcke.

Rehe leben, je nach Jahreszeit und Biotop, allein oder in Sprüngen bzw. Familiengruppen. In den Wintersprüngen existieren keine bestimmten Rangordnungen oder sozialen Kontakte. Es handelt sich hierbei um „Zweckgemeinschaften“ ohne ausgeprägte Bindungen. Ihre Zusammensetzung wechselt oft oder löst sich auf und bildet sich wieder neu.

Bei beengtem Lebensraum kann Rehwild sehr sensibel reagieren, durch übermäßigen Stress sogar eingehen. Der Jäger sollte daher wissen, dass ein Revier

Der Territorialbock markiert mehrere Hundert Mal am Tag, wenn auch meist nur durch flüchtiges Scheuern.

nur so viele ausgewachsene Rehe aufnehmen kann, wie geeignete Einstände vorhanden sind.
Wie schnell die Grenze der Biotopkapazität erreicht ist (s. a. Kap. „Wilddichte", S. 48 ff.), hängt natürlich auch von der Güte des Biotops ab.

„Feldrehe" und „Waldrehe"

Ursprünglich lebte das Reh in lichten, an Unterwuchs reichen Waldrandzonen. Dank seiner Anpassungsfähigkeit lebt es heute auch in dichten äsungsarmen Wäldern, in Monokulturen, in ausgedehnten Feldlandschaften, Mooren, Weinbergen und sogar im Gebirge.

Je nach Lebensraum bestehen durchaus Unterschiede in der Lebensweise und Äsung zwischen Rehen, die im weiten Feld leben, und solchen, die ihre Einstände tief im Inneren des Waldes haben. Wenngleich das mitunter Verhalten und Konstitution ändert, handelt es sich dabei aber doch um umweltbedingte Anpassungsformen derselben Rehe, die manchmal nur von kurzer Dauer sind und sich auch jahrweise und von Vegetationsperiode zu Vegetationsperiode ändern können.

Zweckgemeinschaften im Feld

Um in der offenen, weitgehend deckungsfreien Landschaft überleben, das heißt beispielsweise Feinde eher erkennen oder schneller günstige Äsungs-

›TIPP

Für „Waldrehe" bedeuten freie Flächen, Felder, Wiesen o. Ä. in erster Linie lediglich Plätze zum Äsen. Ruhen, Wiederkäuen etc. spielen sich dagegen mehr im Wald ab. Bevor sie austreten, sichern sie intensiv, äsen danach konzentriert und relativ unbekümmert und kehren bald wieder in den Schutz des Waldes zurück. Sie tun sich auf offenen Flächen nur selten nieder.

> **›TIPP**
>
> *„Feldrehe" fühlen sich außerhalb des Waldes in ihrem Element. Sie ruhen und wiederkäuen auf weiten Flächen, wirken selten so angespannt und fluchtbereit wie typische „Waldrehe". Die vielen Augen und die großen Distanzen geben ihnen offenbar Sicherheit. Den Wald scheinen sie sogar zu meiden.*

möglichkeiten finden zu können, bildet Rehwild in weiten Feldlandschaften größere Verbände. Feldrehe stehen Tag und Nacht auf den Feldern, dabei nutzen sie geschickt jede kleine Deckung aus.

In starken Sprüngen ist das Zusammengehörigkeitsgefühl der Stücke nicht so groß wie bei Kleinfamilien oder in kleinen Sprüngen im Wald lebenden Rehen. Die verschiedenen Sprünge, die wir auf weiten, deckungslosen Feldflächen beobachten, formieren sich häufig neu und wechseln ihre Standorte, wogegen kleine Verbände in den Wäldern meistens standorttreuer sind und manchmal das ganze Jahr hindurch zusammenbleiben.

Die ortsansässigen Böcke wechseln alle paar Tage zwischen den Familiengruppen und den dominanten Ricken als deren Mittelpunkt hin und her. Einen Bock, der zwei oder drei Tage bei demselben Sprung stand, beobachtet man dann plötzlich bei einer völlig anderen Gruppe.

„Feldrehe" stehen häufig in großen Sprüngen mit lockerer Bindung zusammen: Viele Augen sehen mehr als zwei.

Fluchtbereitschaft und -distanz sind revierweise unterschiedlich.

Der Jäger muss sich daher auf ein unterschiedliches, sich stetig änderndes Verhalten und auf die jahreszeitlich bedingten Gewohnheiten des Wildes einstellen.

Fluchtverhalten

Die Fluchtdistanz des Rehwildes ist in Abhängigkeit von den Erfahrungen der Tiere mit bestimmten Gefahrensituationen und von Revier zu Revier unterschiedlich. Besonders in Feldrevieren merkt man sehr schnell, wenn (verbotenerweise) oft aus dem Auto heraus geschossen wurde. Das Rehwild flüchtet dann schon beim leisesten Motorengeräusch oder wenn es ein Auto aus der Ferne eräugt.

In Wohngegenden, in denen kaum oder gar nicht gejagt wird, lassen „Waldrehe" den Menschen mitunter bis auf wenige Meter an sich herankommen. „Feldrehe" dagegen weichen einer erkannten Gefahr oft schon aus großer

Entfernung aus. Sie wirken dabei weniger verschreckt oder ängstlich. Eher dickfellig, als seien sie nur darauf bedacht, sich den Störenfried auf Distanz zu halten, aber nicht einen Schritt weiter als nötig auszuweichen. Und noch einen wichtigen Unterschied zwischen „Feldrehen“ und „Waldrehen“ gibt es: Erstere lassen sich im Allgemeinen zählen, während man den Rehwildbestand in geschlossenen Waldrevieren allerhöchstens grob schätzen kann. Rehwildbestände in großen zusammenhängenden Waldgebieten vertragen oft eine viel stärkere Bejagung, als man nach bloßem Beobachten der Wildbestände annimmt.

Einfluss der Witterung

„Den Bock verwirrt der Sonne Glut“, heißt es in einem alten Waidmannsspruch, der wohl eher die Bejagung während der Brunft treffen soll. Viele Jäger glauben, bei heißem, trockenem Wetter sei es einfacher, Rehwild zu bejagen, als bei unwirtlichem Wetter. Ich bin anderer Meinung, und viele Erlebnisse haben meine Erfahrungen bestätigt.

Hitze und Trockenheit

Ist es trocken und heiß, ruht Rehwild in der Regel. Kommt es trotzdem auf die Läufe, wurde es vorher aufgeschreckt oder sonst wie in seinem Lebensrhythmus gestört. Heiße Luft, verbunden mit intensivem Wind, trocknet schon nach kurzer Zeit Windfang und Geruchsschleimhäute des Wildes aus (wie beispielsweise auch bei unseren Vorstehhunden während der Hühnersuche an sehr warmen Tagen). Das erzeugt Unwohlsein und Unsicherheit, weil das Reh sein wichtigstes Organ, den Geruchssinn, nicht optimal einsetzen kann.

Daher sieht man an staubtrockenen, heißen Sommertagen seltener Rehwild im Revier umherbummeln. Vielmehr ruht es dann im Schutz von Dickungen oder im Getreide. Geht ein erfrischender Landregen herunter, ist es wieder auf den Läufen, lässt sich im Altholz oder auf Freiflächen die Decke trocknen und ist sehr aktiv.

Einfluss des Luftdrucks

Zweifellos beeinflusst der Luftdruck nicht nur das Verhalten von Insekten, sondern ganz allgemein das von Tieren. Manche Menschen sind bei bestimmten Krankheiten sehr wetterfühlig: Längst verheilte Wunden beginnen zu schmerzen oder zu jucken, auch Rheumatismus macht sich vor einem Wetterwechsel bemerkbar. Genauso reagieren Tiere frühzeitig und sehr feinfühlig – bis zu zehn Stunden vorher –, wenn sich das Wetter ändert.

Ich habe festgestellt, dass es wenig Zweck hat, bei fallendem Barometer auf Jagd zu gehen. Das Wild ruht, wohingegen es bei steigendem Barometer auf den Läufen ist. Nur so ist es zu erklären, dass man Rehwild mitunter bei strömendem Regen beobachtet, weil es frühzeitig den nahenden Wetterumschwung fühlt (das Barometer zeigt steigenden und höheren Luftdruck an). Vermutlich hat es gelernt, dass dann weniger Menschen unterwegs sind. Umgekehrt bleibt es versteckt – auch wenn nach jägerischem Ermessen alle Vorzeichen dafür sprechen, dass Wild eigentlich aktiv sein müsste –, weil sich eine Schlechtwetterfront nähert (die Luftdruckwerte sinken).

Bei hohem Luftdruck sind Insekten in höheren Sphären aktiv, bei niedrigem fliegen sie tiefer und belästigen das Wild intensiver. Im Hochsommer ist das auch ein Grund dafür, dass Rehwild bei fallendem Luftdruck heimlicher ist als bei steigendem.

Wind und Kälte

Starker Wind löst die „Gerüche" schnell auf, verweht und verteilt die nach Mensch riechenden „Duftwolken", schwacher Wind hält sie zusammen und macht sie für das Wild eher wahrnehmbar. Deshalb ist Rehwild an windigen Tagen auch unruhiger, sucht gern geschützte Orte auf und bleibt für den Jäger „unsichtbar". Starker Wind beeinträchtigt überdies auch die Fähigkeit des Vernehmens und Ortens von Geräuschen.

Wer sein Revier genau kennt, weiß, dass Rehe zu gewissen Tageszeiten, wenn der Wind stark aus einer bestimmten Richtung bläst, fast regelmäßig dieselben windgeschützten Orte bevorzugen. Der Spruch „Wenn der Wind jagt, soll der Jäger nicht jagen" gilt also nur für die Waidmänner, die ihr Revier bzw. die bevorzugten Einstände des Wildes nicht kennen.

Sehr empfindlich reagiert Rehwild auf lange Perioden extremer Kälte. Bot sich vorher keine Gelegenheit, genügend Feistreserven zu sammeln, besteht die Gefahr des Verhungerns – sofern überhaupt Äsung vorhanden ist, ist sie hart und kaum verdaulich – oder der Unterkühlung, ebenfalls oft mit Todesfolge.

An windigen Tagen bevorzugt das Rehwild geschützte Stellen und bleibt für den Jäger „unsichtbar".

Die Sinne des Rehwildes

Den stark ausgeprägten Sinnen des Wildes setzt der Jäger in unserer Kulturlandschaft im Gegensatz zum „Wildnisjäger“ vor allem weittragende Gewehre, stark vergrößernde, lichtstarke Optik und Hochsitze entgegen.

Trotzdem muss er aber auch heute noch über „sein“ Wild, vor allem über dessen Geruchssinn, Sehvermögen und Fähigkeit des Lauschens, gut informiert sein und wissen, worauf bei der Jagd ganz besonders zu achten ist, um erfolgreich zu sein.

Den regungslosen Jäger erkennt Rehwild zwar nur schwer, Bewegungen nimmt es allerdings sofort wahr!

Gesichtssinn

Auch wenn es immer wieder behauptet wird, trifft es nicht zu, dass Rehwild nicht gut äugt. Es kann zwar Farben kaum unterscheiden und den völlig ruhig und bewegungslos verharrenden Jäger nur schwer erkennen, nimmt aber die unscheinbarste Bewegung sofort wahr.

Die Lichter des Rehwildes sind astigmatisch, das heißt die Lichtstrahlen werden nicht in einem Brennpunkt, sondern in einer Brennlinie vereinigt. So entstehen verzerrte, unscharfe Bilder mit geringer Tiefenschärfe. Zudem ist ein astigmatisches Auge verhältnismäßig lichtschwach.

Die Lichter des Rehwildes befinden sich seitlich am Kopf. Deshalb kann es mit ihnen, ohne den Kopf zu drehen, nach vorn, zur Seite und weit nach hinten fast alles wahrnehmen.

Nach meinen Erfahrungen springt Rehwild in Gegenden, in denen es nur selten auf Menschen trifft, obwohl es die Gefahr nicht sicher eräugt hat, eher ab als dort, wo es regelmäßig Leuten begegnet. In stark von Menschen frequentierten Revieren zeigt es sich durch Gewöhnung oft gleichgültig, ja dickfellig.

Um auch ein still stehendes Objekt besser wahrzunehmen, hebt und senkt das Reh beim Sichern mitunter auffällig den Kopf. Es kann so den ruhenden Gegenstand aus verschiedenen Blickwinkeln beäugen.

Als dämmerungs- und nachtaktive Tiere haben Rehe, wie bereits beschrieben, kein sehr ausgeprägtes Unterscheidungsvermögen für Farben.

Scheinäsen

Oft beobachtet man bei Rehen ein sogenanntes Scheinäsen: Hat das Stück den stocksteif verharrenden Jäger trotz angestrengten Sicherns nicht erkannt, beginnt es nur scheinbar zu äsen. Es senkt den Kopf zur Erde, ohne jedoch Äsung aufzunehmen, „schielt" aber, während der Windfang am Boden zu haften scheint, zu der unbeweglich dastehenden Gestalt hinüber.

Das geschieht häufig minutenlang und stellt den Jäger auf eine harte Geduldsprobe. Bei der kleinsten Bewegung reißt das Reh den Kopf ruckartig hoch, sichert kurz oder springt sofort ab. Hat das Stück die Gefahr nicht einwandfrei erkannt, schreckt es. Ich habe dabei ausgesprochen „schreckfreudige" Rehe beobachtet, aber auch solche, die überhaupt nicht schrecken oder schmälen.

Oft wechselt „Scheinäsen" mit „Kopfnicken" ab, oder das Reh zieht dem verdächtigen Objekt im Stechschritt mit vorgestrecktem Hals entgegen. Dabei stampft es mit einem der Vorderläufe immer wieder auf den Boden. Dieses Verhalten erweckt den Eindruck von Neugierde, in der Tat aber ist es Misstrauen oder Angst um die eigene Sicherheit.

>INFO

Rehe und „Mimik"

Es ist erstaunlich, über welche Ausdrucksformen ein Rehgesicht verfügt, vom Spiel der Lauscher bis zum Zusammenkneifen der Lichter und dem Öffnen des Äsers. Manchmal wirkt ein Rehgesicht gelangweilt, mitunter regelrecht misstrauisch. Panische Angst erkennt man zuweilen genauso wie gespannte Aufmerksamkeit.

Gehörsinn

Rehwild besitzt ein überaus feines Gehör, unterstützt durch das fast ständige und lebhafte Spiel der Lauscher. Mehrmals erlebte ich, dass ein Stück absprang, nachdem es auf siebzig oder achtzig Gänge das leise metallische Klicken des Stechers vernahm. Auch die Richtung,

Der Gehörsinn des Rehwilds ist hervorragend: In lebhaftem Spiel fangen Lauscher schwächste Geräusche auf.

aus der Geräusche kommen, wird vom Reh erstaunlich genau geortet.

Trotz seines empfindlichen Gehörsinns hält Rehwild abert laute Geräusche mitunter erstaunlich gelassen aus. So habe ich ein Stück mit dem zweiten Schuss erlegen können, nachdem der erste fehlte und das Reh nicht absprang.

Wenn es stürmt und der Wind in den Bäumen rauscht, wenn es im Geäst knackt und bricht, bleibt das Rehwild meistens in Deckung. Es fühlt sich unsicher, da die Gefahr anzeigenden leiseren Geräusche von denen des Wettergeschehens übertönt werden. So bewirkt ein knackender Ast beim Pirschen sofortiges Aufwerfen, und metallische Geräusche wie das Klappern des Fernglases am Mantelknopf oder das nicht ganz geräuschlose Entsichern der Büchse lösen oft unmittelbare Flucht aus.

Wenn nach einem Regenguss das Wasser von den Zweigen tropft oder im Herbst fallende Blätter andauerndes Rascheln verursachen und dadurch rechtzeitiges Vernehmen einer Gefahr beeinträchtigen, verlässt das Reh den schützenden Wald. Zwar kann es dem

Sturm auf dem Feld nicht ausweichen, den irritierenden Geräuschen aber schon.

Ist Rehwild an Störungen oder einen bestimmten Geräuschpegel gewöhnt, reagiert es aber mitunter fast phlegmatisch. So konnte ich auf Truppenübungsplätzen beobachten, dass es bei Panzerkanonen- oder Raketenlärm nicht einmal aufwirft, sondern vertraut weiteräst, als herrschte tiefster Frieden. Fällt ein Büchsenschuss, flüchtet es dagegen.

Vorbeifahrende Militärkolonnen hält es aus, ohne merklich zu reagieren. Nähert sich aber ein „normales" Auto, springt es ebenfalls ab.

Geruchssinn

Der Geruchssinn ist zweifellos der am besten ausgebildete und wichtigste Sinn des Rehwildes. Darauf sollte sich der Jäger in erster Linie einstellen. Nach meinen Erfahrungen setzen ältere Rehe ihren ausgeprägten Geruchssinn überlegter ein als Junge, ziehen möglichst gegen den Wind oder verlassen ihre Deckung auf Umwegen oder gar nicht, obwohl manche ältere und alte Stücke, wenn sie nicht direkt gegen den Wind ziehen können, „halben" Wind beim Ein- und Auswechseln bevorzugen.

Herrscht extrem trockene Witterung, kann das Wild, wie erwähnt, seinen Geruchssinn nicht optimal einsetzen, weil ausgetrocknete Riechzellen nur bedingt auf Düfte reagieren.

Im Gegensatz zum Rotwild lassen sich Rehe von frischen Menschenspuren nicht wesentlich beunruhigen und kreuzen sie in der Regel, ohne misstrauisch zu werden.

Rehwild im Revier

Revierzeichen des Rehwildes

Früher lebte der Jäger meistens in der Nähe seines Revieres, pflegte mit der Landbevölkerung engen Kontakt und wurde von ihr über das örtliche Geschehen sowie manche Gegebenheiten in seiner Jagd informiert.

Die Verhältnisse haben sich geändert. Viele Jagdpächter wohnen in der Stadt und können sich nur noch am Wochenende oder im Urlaub um „ihr" Revier kümmern. Da ist es umso wichtiger, auf all die Spuren und Zeichen des Wildes zu achten und zu erkennen, wo das Wild steckt. Die Tiere sind ja nicht immer auf den Läufen, und mitunter hat es während einer Revierfahrt den Anschein, als seien Feld, Wald und Flur ausgestorben.

>TIPP

Oft liefern auch die Landbevölkerung oder Spaziergänger wertvolle Informationen über Wild und Vorkommnisse im Revier. Jeder Hinweis über ein bestimmtes Stück, Störungen, Fallwild, bevorstehende Ernten, Holzeinschläge, streunende Hunde oder besondere Maßnahmen, die das Wild bzw. den Jagdbetrieb betreffen, sollte willkommen sein.

Selbst vermeintlich „unsichtbare" Stücke hinterlassen ihre Zeichen. Diese wird der erfahrene Jäger nutzen, auf Spurenbilder in Feld und Flur achten, um sich unter anderem über Wechselgewohnheiten, bevorzugte Äsungsplätze und Einstände des Wildes ein Bild zu machen.

Unmittelbare Zeichen

Tritte und Fährten

Die Fährten des Wildes und vor allem des im Vergleich zu Rot- oder Schwarzwild recht leichten Rehwildes lassen sich leider nur bei geeignetem Untergrund erkennen und richtig ansprechen.

Rehe bewegen sich nie zufällig umher, sondern haben in ihren Einständen ein Netz von Wechseln, denen sie bevorzugt folgen und auf denen sie flüchten. Dass diese Wechsel eine oft tiefe Trittspur im Erdboden aufweisen, lässt bei dem durchschnittlich kaum über 30 kg schweren Rehwild auf regelmäßige und häufige Benutzung schließen. Dabei ist es nachts weniger der Gesichtssinn, der die Rehe lenkt, sondern der Duft der eigenen Fährten oder von Artgenossen am Boden, der ihnen den rechten Weg weist. Diesen Duft produzieren Drüsen

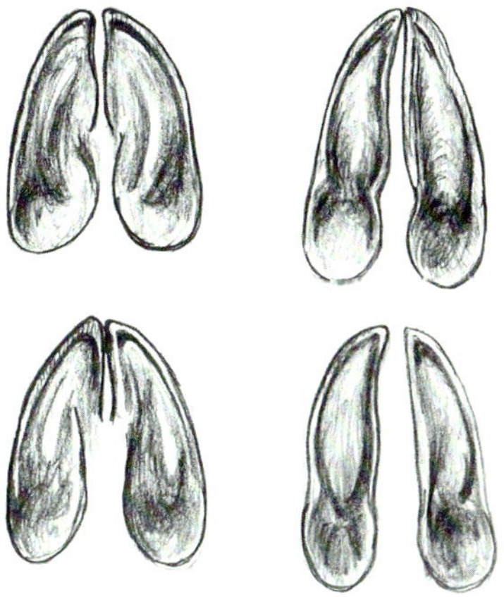

Proportional verkleinerte Schalenabdrücke des Vorder- (o.) und Hinterlaufs (u.) von Schmalreh (l.) und mehrjährigem Bock

zwischen den Schalen, die „Zwischenklauensäckchen“, und an den „Laufbürsten“ der Hinterläufe.

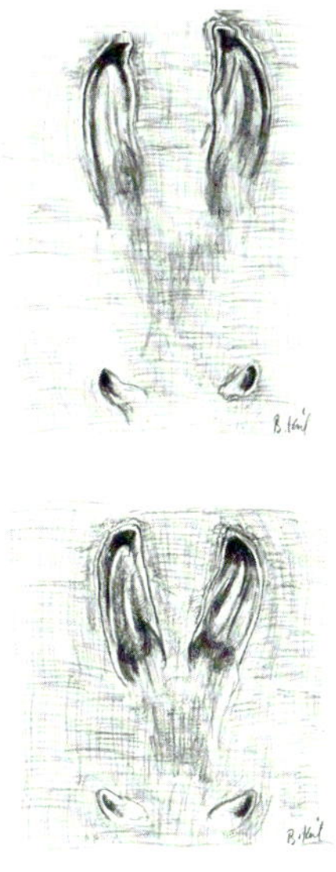

Proportional verkleinerte Trittsiegel des Vorder- (o.) und des Hinterlaufs eines flüchtigen Bocks

Auf diesen Duftspuren laufen Rehe regelrecht „blind“, auch im Dunkeln und flüchtig. Die „Süße“ des Dufts erschwert es auch so sehr, Hunde von Rehfährten abzuhalten.

„Eingefahrene“ Wechsel werden oft auch von mehreren unterschiedlichen Wildarten genutzt. Nach meinen Erfahrungen kann man Trittsiegel oder Fährte eines Bocks von denen einer Ricke nur sehr selten sicher unterscheiden.

Fährtenbilder bei verschiedenen Gangarten: vertraut ziehend (l.), trollend (Mi.) und flüchtig.

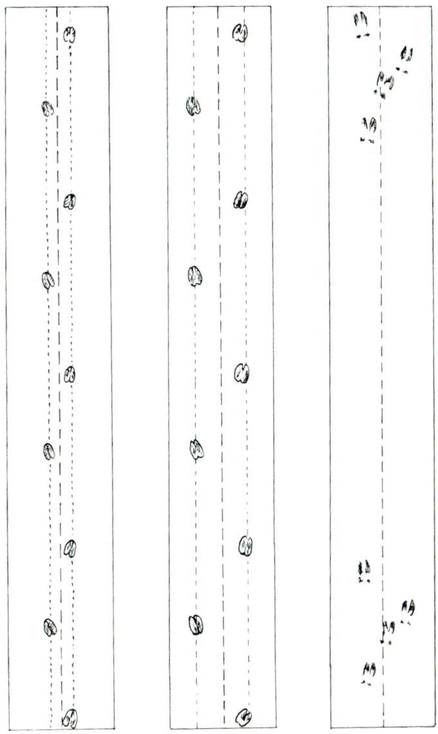

Vorder- und Hinterlauf kann man anhand des Abstands von den Schalen zum Geäfter unterscheiden.

Nach Wildmeister Mackerodt, dem Lehrmeister meiner Jugendjahre, sollen der Rehbock und der Rothirsch die gleichen Hauptzeichen hinterlassen. Ich bin heute anderer Meinung, denn spezielle Schalenabdrücke wie Übereilen, Beitritt, Burgstall, Schlusstritt usw. lassen sich kaum erkennen, die Rehfährte ist dafür zu gering. Ein kapitaler Bock fährtet sich schwächer als ein Rotkalb, und seine Schrittlänge beträgt nur 40 bis höchstens 45 cm. Zudem ziehen Rehe, anders als Hochwild, meistens einzeln.

Es ist ratsam, auch andere Zeichen zu beachten. So sieht man bei Schnee

Der Bock plätzt als Imponierverhalten zur Reviermarkierung, beide Geschlechter tun es außerdem, um – vor allem bei Schnee – Äsung freizuscharren oder ein Bett herzurichten.

am Nässen, ob die Fährte von Bock oder Ricke stammt. Der Bock nässt zwischen die Trittsiegel der Vorder- und Hinterläufe, die Ricke zwischen die Abdrücke der Hinterläufe.

>TIPP

Ich habe festgestellt, dass Böcke mehr äftern als Ricken und Schmalrehe. Besonders wird das in den Trittsiegeln des treibenden Bocks und des getriebenen weiblichen Stücks sichtbar. Bei deutlichem Fährtenbild ist bei allen Böcken, wenn auch unterschiedlich stark, ein „Zwang“ zu erkennen, wohingegen die beiden Schalen des weiblichen Rehwildes nur selten dicht zusammenstehen.

Fege- und Plätzstellen

Frische Fege- und Plätzstellen gehören zu den „klassischen Pirschzeichen“ zur Bestätigung eines Bocks.

Ist der Geweihaufbau beendet, die Basthaut zur Ernährung des wachsenden Gehörns überflüssig geworden, wird sie innerhalb weniger Stunden durch Scheuern und Reiben an Büschen und kleinen Bäumen entfernt. Gefegt und oft auch gleichzeitig geplätzt wird aber auch noch, wenn das Gehörn nach ein bis zwei Tagen bereits völlig „blank“ ist. Besonders heftig geschieht das Plätzen während der Einstandskämpfe im zeitigen Frühjahr zur Markierung und Abgrenzung eines Territoriums und als Imponierverhalten in der Brunftzeit.

Der Bock plätzt vornehmlich, um zu markieren. Meistens scharrt er abwechselnd mit seinen Vorderläufen auf dem Erdboden. Ich habe dieses Scharren zu allen Jahreszeiten auch bei Ricken beobachtet. Es ist nicht nur im Winter zum Freischlagen des Grases oder der sprießenden Saat bei der Äsungssuche, sondern auch im Sommer zu sehen, denn es dient auch der Duftmarkierung mittels der Zwischenklauensäckchen.

> **›TIPP**
>
> *Man kann den Platzbock „aus der Reserve“ locken und ihn zum Zustehen bewegen, indem man ihm durch imitiertes Fegen und Plätzen einen Rivalen in der Nähe vortäuscht. Dabei schlägt man mit der flachen Hand oder Faust auf den Boden und reibt einen Zweig an einem Baum.*

Losung

Rehlosung ähnelt sehr der von Ziegen und Schafen. An Äsungsplätzen liegt sie gewöhnlich in kleinen Haufen. Die unregelmäßig geformten Kotbeeren verraten unter anderem die beliebten Ruhe- und Wiederkäuplätze. Rehwild nässt und löst sich häufig sofort nach dem Hochwerden und vor der ersten Bewegung, natürlich auch gelegentlich beim Wechseln. Im letzten Fall findet man die kleinen „Beeren“ zwischen den Schalenabdrücken über längere Strecken verstreut. Zeigt der Untergrund kein Trittsiegel, ist die Losung mitunter auch ein wertvoller Hinweis auf die Anwesenheit von Rehen.

Im Gegensatz zur Rotwildlosung kann man an der Formung der Rehwildlosung nicht bestimmen, ob sie von Bock oder Ricke stammt. Zwischen Sommer- und Winterlosung kann man dagegen sehr wohl differenzieren. Die Losung von wasserhaltiger Sommeräsung ist mehr breiig, dadurch werden die einzelnen Bestandteile zusammengehalten. Die Losung trockener Winteräsung besteht aus einzelnen 1,2 bis 1,4 cm langen festen Beeren, die aufgrund ihrer Größe vergleichsweise einfach von Losung anderer bei uns vorkommender Schalenwildarten unterschieden werden können.

Dünnflüssige Losung, besonders im frühen Frühjahr nach Äsung gefrorener Rüben oder größerer Mengen Mais, zeigt

Verdauungsstörungen an. Befallene Stücke haben meistens einen verschmierten Spiegel, kümmern und gehen oftmals ein, wenn man sie nicht erlegt.

Betten

Rehwild möchte in Ruhe und ungestört wiederkäuen. Dafür schlägt es mit den Vorderlaufschalen den Boden von Blättern, Zweigen und Pflanzenbewuchs frei und tut sich in diesen sogenannten Betten nieder. Die auffälligen Markierungen bleiben längere Zeit erhalten und erleichtern als wichtige Pirschzeichen dem Jäger die Bestätigung seines Rehwildes.

Sind die bevorzugten Ruheplätze bekannt, sollte möglichst jede Störung ferngehalten werden, um von dort aus das Wild auf seinem Wechsel zu bekannten Äsungsplätzen abzupassen.

Die Ruheplätze werden für den Tag und die Nacht an unterschiedlichen Orten gewählt. Im Winter befinden sie sich – um Energie zu sparen – bevorzugt in der Nähe der Äsungsplätze, im Sommer dagegen eher im Schutz Deckung bietender Dickungen.

Sonstige Zeichen

Verbissspuren

Der Verbiss von Knospen, frischen Trieben, Blättern und Zweigen an Weichhölzern und Sträuchern gehört zur natürlichen Äsungsaufnahme des Rehwildes. Faserreiche Grünäsung ist dagegen weniger beliebt. In Waldrevieren hat der Jäger zwar die Aufgabe, die Wilddichte so zu regulieren, dass größere Verbissschäden verhindert werden, ohne jeglichen Verbiss kann das in seiner Äsung recht wählerische und anspruchsvolle Reh aber nicht existieren.

Einen gewissen Wildverbiss kann die Forstwirtschaft auch heute verkraften, solange sich die in einem Revier vorkommenden Hauptbaumarten ohne technische Schutzmaßnahmen verjüngen lassen, zumal ja auch ein Vielfaches an kleinen Bäumen ausgepflanzt wird oder sich durch Naturverjüngung stärker vermehrt, als später geschlagen wird.

Nehmen allerdings die Rehwildbestände so zu, dass eine geregelte Waldwirtschaft nicht mehr möglich ist, muss mit einer bedauerlichen, aber verständlichen Rehwildfeindlichkeit bei den Forstbeamten gerechnet werden. Es konnten früher offensichtlich die Faktoren Wild und Jagd besser in Einklang gebracht werden.

Waldbau und Verbiss

Die sich ändernde Forstwirtschaft mit dem Ziel, einen naturgemäßen Waldbau durchzusetzen, erschwert die Bejagung des Rehwildes im Wald. Die Anzahl der

Jagt der Jäger schwerpunktmäßig an verbissgefährdeten Flächen, können aufwendige Schutzmaßnahmen die Ausnahme bleiben (im Foto sogenannte Wuchshüllen, die gleichzeitig das Wachstum des jungen Baums fördern).

Kahlschläge und reine, dichte Hochwaldbestände, also Flächen, auf denen fast ausschließlich Bäume gleicher Altersstufe stehen, werden geringer. Stattdessen sieht man Mischbestände mit unterschiedlichen Holzarten verschiedener Altersklassen. Dort kann selektiver Rehwildverbiss einerseits zu Entmischung führen, sich andererseits aber auch auf wirtschaftlich unbedeutendere Weichholzarten, so vorhanden, konzentrieren.

Das Rehwild findet dort genügend Deckung und Äsung und tritt nicht mehr auf Freiflächen aus, auf denen es leichter zu bejagen wäre. Es wird „unsichtbarer“ und erweckt den Eindruck, die Wildbestände nähmen ab. Oft aber ist das Gegenteil der Fall, es gibt in sehr vielen großen Revieren Deutschlands mehr Rehwild bemessen auf 100 ha als noch vor 20 bis 30 Jahren. Der Jäger sollte deshalb junge Kulturen regelmäßig auf Verbiss hin untersuchen und sich nötigenfalls zur Schadensverhütung gezielt ansetzen.

Stark gefährdete Kulturen kann man durch Schwerpunktbejagung schützen, das heißt dauerhaft und intensiv jagen, um aus waldbaulichen Gründen die Wilddichte vorübergehend stark abzusenken. Dreimal rausgehen und jeweils zwei Stücke erlegen ist wirksamer als 15-mal rausgehen und die gleiche Anzahl schießen. Ich wiederhole diese Aussage, denn der Jäger stellt einen Störfaktor in der Natur dar, der auch bei dem „Anpassungskünstler“ Rehwild zu Stress führen kann.

Rehwild bevorzugt Ahorn, Esche, Eiche und Weymouthskiefer. Weniger gefährdet sind Holzarten wie Birke, Erle, Pappel, Lärche und Sitkafichte. Wäh-

›TIPP

Das Feindvermeidungsverhalten dominiert alle anderen Verhaltensweisen, und Rehwild ist die sensibelste unserer heimischen Schalenwildarten. Optische Störungen wirken bei ihm dabei noch stärker als beispielsweise akustische.

rend Hasen oder Kaninchen Zweige fast immer messerscharf glatt und schräg abbeißen, zerquetscht Schalenwild, das ja keine Schneidezähne im Oberkiefer besitzt, das Triebende meistens horizontal, und die Abbissfläche erscheint faserig. So sind die Verbissspuren gut zu unterscheiden und zählen, auch an verschiedenen Laubhölzern, zu wichtigen Pirschzeichen, die der Jäger für seine Jagdstrategie nutzen sollte.

Achtung: Rechtzeitiger Abschuss mindert Wildschäden.

Hexenringe

Während der Brunft findet man sowohl im Wald als auch im Feld mitunter stark niedergetretene kreisförmige Wechsel, sogenannte Hexenringe. Sie sind ein Zeichen für das letzte Brunftritual vor dem Beschlag, bei dem sich die Ricke,

Hexenringe entstehen manchmal über Jahre an gleicher Stelle während der Brunft, werden aber auch von Ricken und Kitzen als „Spielplatz" benutzt.

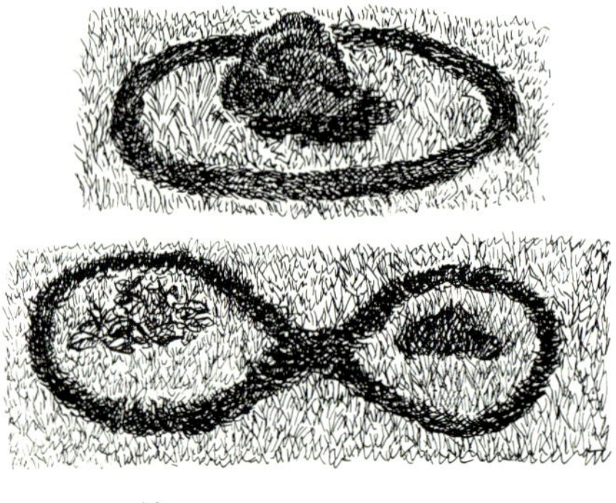

dicht vom Bock verfolgt, bewegt. Oft liegen diese Hexenringe kreis-, schleifen-, oder ellipsenförmig um einen großen Stein, Baumstumpf oder einzelnen Busch herum. In meinem elterlichen Revier in der Lüneburger Heide taucht so ein Hexenring Jahr für Jahr immer wieder an der gleichen Stelle auf. Ob er stets vom selben Bock (oder derselben Ricke) stammt oder lediglich wegen der besonders günstigen Örtlichkeit entstanden ist, konnte ich nicht erfahren.

Lautäußerungen

Schrecken

Das bellende Schmälen oder Schrecken kommt, wie der Name sagt, vom Schreck. Es ist der am häufigsten zu hörende Laut von Rehen und verrät dem Jäger den Standort des Stücks.

Bei beiden Geschlechtern können die Laute Misstrauen, Unwillen, Unsicherheit oder Erschrecken ausdrücken. Im Frühjahr und Frühsommer grenzen zudem die Böcke hiermit ihre Territorien von Artgenossen ab. Erkennt Rehwild eine Gefahr nicht sofort, bekommt es keinen Wind, oder vernimmt es nur Geräusche (z. B. durch vorbeiziehendes Hochwild), zieht es oft schreckend um den „Störenfried" herum und springt erst ab, wenn es Wind bekommen hat.

Im Winter hört man Rehe wesentlich seltener schrecken oder schmälen als im Sommer – vermutlich, weil sie in der laubfreien Zeit selten von Störungen überrascht werden und zudem keine Territorien beanspruchen.

Nach meiner Beobachtung schmälen Ricken häufiger und anhaltender als Böcke, die sich meistens bald wieder beruhigen. Auch klingt das Schrecken des Bocks kürzer, abgebrochener und „trotziger“ als das des weiblichen Rehwildes.

Ahmt der Jäger das Schrecken nach, lassen sich Bock und Ricke zum Zustehen bewegen.

Fiepen

Frisch gesetzte Kitze fiepen kurz und hoch. Mit zunehmendem Alter klingt dieser Fiepton gröber, tiefer und eher zischend, nicht mehr so zart und fein.

Das einsilbige Fiepen ist in erster Linie der Kontaktlaut zwischen Kitz und Ricke (der Ton der Ricke klingt etwas dunkler als der des Kitzes). In der Brunft können Bock und Ricke aus Erregung fiepen, Böcke mitunter auch, wenn sie der Fährte einer brunftigen Ricke folgen.

Jährlinge und Schmalrehe fiepen ebenfalls, wenn sie noch im Familienverband stehen und beim Abspringen den Anschluss an den Sprung verlieren. Ich habe auch schon Jährlinge fiepen hören, wenn sie von älteren (Territorial-) Böcken getrieben wurden. Wenn sich nach wilder Jagd die beiden Rehe gegenüberstanden, hatte ich den Eindruck, das Fiepen des Jüngeren sei eine Geste der „Unterwürfigkeit“.

Die wesentlich lauteren, zweisilbigen Fieplaute, auch Sprengfiep genannt, hört man nur in der Brunft. Sie werden von dem hochbrunftigen weiblichen Reh während des Treibens ausgestoßen.

Das Geschrei oder Angstgeschrei hört man verhältnismäßig selten. Die schrillen, klagenden Töne stammen von weiblichen Rehen, die von einem hochbrunftigen Bock bedrängt werden.

Ein Keuchen, meistens vom treibenden Bock, manchmal aber auch von der bedrängten Ricke, ist ebenfalls nur selten zu hören. Bei höchster Gefahr oder schmerzhaften Verletzungen klagen Rehe, wenn beispielsweise ein Stück gerissen oder abgefangen wird, seltener auch bei Schussverletzungen.

Ansprechen

Unter Ansprechen versteht man das Beurteilen und Erkennen des jeweiligen Stücks hinsichtlich seines Geschlechts, Alters und Gesundheitszustands, seiner Stärke, Trophäe und des Verhaltens durch das genaue Betrachten des Wildes selbst, aber auch dessen Fährte oder Losung.

Das sorgfältige Ansprechen hat dem Schuss auf Wild vorauszugehen. Sicheres Ansprechen ist Grundlage und eine Voraussetzung für die ordnungsgemäße Durchführung jeder Jagdausübung und erfordert vom Jäger entsprechendes Wissen und Erfahrung.

Geschlechtsbestimmung

Während der Jagdzeit auf männliches Rehwild ist es normalerweise nicht schwierig, eine Ricke von einem Bock zu unterscheiden. Der Bock trägt zwar nicht zu jeder Jahreszeit, aber zumindest, wenn er bejagt werden darf, ein mehr oder weniger gut sichtbares Gehörn.

Männlich …

Ausreichendes Licht, ein starkes Fernglas und geringe Entfernung sind gute Bedingungen, selbst die kleinen Knöpfe oder Rosenstöcke eines Knopfbocks anzusprechen. Aber auch wenn das alles nicht gegeben ist, erkennt man den Knopfspießer an seinem dreieckig wirkenden Kopf, der gedrungeneren Körperform und während der Brunft am deutlich zwischen den Keulen sichtbaren Kurzwildbret.

Im Gegensatz dazu ist der Windfang des Schmalrehs länglich und wirkt zierlicher. Knopfer scheinen in ständiger Angst vor einem Territorialbock zu leben. Daher treten sie meistens frühzeitiger auf die Äsungsflächen aus als ältere Böcke. Sie werfen häufig auf und sichern in die Richtung des Einstandes, in der sie einen stärkeren Bock vermuten, während Ricken und Schmalrehe vertraut äsen.

Wenn vor der Brunft ein Bock ein Reh ohne sichtbares Gehörn treibt, handelt es sich bei Letzterem meistens um einen Knopfbock, seltener um eine Ricke.

Im Winter ist das männliche Reh an seinem Pinsel – einem acht bis zehn Zentimeter langen Haarbüschel an der Mündung der Brunftrute – sicher anzusprechen.

… oder weiblich?

Ricken und weibliche Kitze erkennt man an ihrer Schürze, dem ungefähr eine Handbreit langen Haarbüschel, das am Feuchtblatt nach unten hängt. Sowohl die Schürze als auch der Pinsel männlicher Stücke sind direkt nach dem Ver-

In voll entwickelter Winterdecke ist der Pinsel des Rehbocks nicht zu übersehen.

färben im Herbst noch kurz und daher kaum zu sehen. Mit fortschreitender Jahreszeit wachsen sie aber und sind im Spätherbst und im Winter als untrügliches Unterscheidungsmerkmal sicher anzusprechen.

Der Kopf der Ricke erscheint länger als der des Bocks, weil bei ihr Hals und Kehlkopf dünner sind. Böcke haben oftmals auch einen Ansatz zur Kehlwamme, was den Kopf optisch kürzer wirken lässt. Vor allem im oberen Halsdrittel ist der Unterschied deutlich. Der Hals einer Ricke hat einen Umfang von 20–22 cm im oberen Drittel, der des Bocks 24 bis 34 cm. Diese Werte gelten für Stücke ab 12 bis 13 Monaten als Minimum. Das Genick der

>TIPP

Als weiteres Unterscheidungsmerkmal der beiden Geschlechter im Winterhaar gilt die Form des Spiegels. Beim Bock ist er nieren- bzw. bohnenförmig, bei der Ricke herzförmig. Dieses Merkmal gilt auch schon für Kitze.

Die sogenannte Schürze – das vom Feuchtblatt herabstehende Haarbüschel – unterscheidet die Ricke (r.) deutlich vom männlichen Stück.

Böcke ist aus einleuchtenden Gründen muskulöser. Die Haut ist dort im Sommer oft mehr als doppelt so dick wie die der Ricken. Ricken zeigen im Profil überdies häufiger eine „Ramsnase".

Abschuss weiblichen Rehwildes

Zwar wird der Abschuss des weiblichen Rehwildes heute oft auf sogenannten Ansitzdrückjagden und meistens nach der Devise „Zahl vor Wahl" erfüllt, um aber einen artgerechten Altersklassenaufbau zu erreichen, ist es nach meiner Meinung vernünftiger, Ricken auf der Pirsch oder beim Einzelansitz zu erlegen. Nur hier ist es möglich, in Muße sicher anzusprechen und auch die richtigen Stücke der Wildbahn zu entnehmen.

Es steht nun einmal fest, dass nicht nur der Bock gute bzw. schlechte Erbmasse vererbt, sondern auch die Ricke. Voraussetzung für den richtigen Abschuss sind auch hier Kenntnisse über das sichere Ansprechen.

Für den Rickenabschuss gilt der Leitspruch: „An ihren Früchten sollt ihr sie erkennen." Schwache oder überalterte Ricken führen meist schwache Kitze. Hier sind die Abschusskriterien einfach: Es sollte der gesamte Familienverband erlegt werden, zumal auch das Ansprechen

Schmalreh (l.) und führende Ricke mit deutlich sichtbarem Gesäuge (Mi.). und eingefallenen Flanken (r.). Letztere sind nur in den ersten Tagen nach dem Setzen zu sehen.

der Kitze anhand ihrer Stärke verhältnismäßig einfach ist.

Ricken und Schmalrehe

Problematischer wird es bei der Unterscheidung von Ricken und Schmalrehen, vor allem, wenn beide annähernd gleich stark sind. Stehen im Winter die Rehe in Sprüngen zusammen, hat man oft gute Vergleichsmöglichkeiten. Da aber Schmalrehe bereits ab dem 1. Mai bejagt werden dürfen, ist die Gefahr groß, sie mit einer schwachen Ricke zu verwechseln, die ihr Kitz abgelegt hat und allein steht.

Ohne Vergleichsmöglichkeiten unterscheidet man oft auch nicht die jugendlich wirkende, schlanke Gestalt der bereits roten Schmalgeiß von einer jungen Ricke. Der Zeitpunkt des Verfärbens ist kein 100%iges Unterscheidungsmerkmal, auch wenn die Decke führender Ricken mitunter noch bis Mitte/Ende Juni grau oder zumindest struppig wirkt. Spätes Verfärben kann krankheits- oder stoffwechselbedingt sein und ist nicht unbedingt ein Zeichen höheren Alters.

Im Frühjahr ist das einzige sichere Unterscheidungsmerkmal zwischen Ricke und Schmalreh das Gesäuge. Die Spinne eines führenden Stücks ist bei gutem Licht und wenn man es spitz von hinten beobachtet, kaum zu übersehen.

Alte Ricken wirken oft eckiger in ihrer Figur, die Flanken sind eingefallen, das Stück wirkt „knochig“, und mitunter erscheinen zwischen den Lauschern kleine Stirnzapfen. Stehen alte Ricken allein, sind sie meistens vorsichtiger als der gewiefteste Bock. Auch wenn sie in Sprüngen stehen, fallen sie durch ihre Vorsicht auf.

Alterseinschätzung

Um Bock, Ricke und Kitz sicher auf das Alter anzusprechen, ist vor allem die Gesamterscheinung des jeweiligen Stücks zu beurteilen. Es gibt nämlich außer dieser, der körperlichen Verfassung keine anderen äußeren Merkmale, auf die man sich beim Ansprechen 100%ig verlassen könnte. Selbst die alte Regel „Jung färbt zuerst, Alt fegt zuerst" trifft bei Weitem nicht immer zu. Körperlich schwache, kümmernde Stücke sollten allerdings unabhängig von ihrem Alter vorrangig erlegt werden, wenn sie nicht führen bzw. das Kitz zuvor erlegt wurde.

Böcke

Das Gehörn gibt zwar Anhaltspunkte über das Alter eines Rehbocks, aber meistens nur sehr vage. Sehr viel sicherer kann das Alter anhand des Verhaltens bestimmt werden.

Junge Böcke halten ihre Wechsel mitunter nach Ort und Uhrzeit ziemlich regelmäßig ein. So kann ein Jäger, der das Wild und sein Revier kennt, glaubhaft behaupten, dass ein bestimmter Bock um 8.45 Uhr 90 m rechts von der Eichenkanzel austritt. Dieser ist dann allerdings in der Regel nicht alt. Ältere Böcke verhalten sich nämlich normalerweise anders. Sie benutzen ihre Wechsel meistens sowohl örtlich als auch zeitlich unregelmäßig und scheinen die gewohnten Ansitze und Pirschgänge des Jägers besser zu kennen, als der Waidmann die Wechsel des Wildes.

So lässt sich ein alter Bock auch viel schneller vergrämen als ein junger, der Störungen nicht so leicht verübelt, schreckend abspringt oder bald nach der Störung wieder erscheint. Den erfahrenen Alten hat der Jäger aber mitunter gar nicht bemerkt.

Die meisten alten Rehböcke werden eher zufällig auf der Pirsch erlegt und seltener „ersessen". Sie treten erst bei schwindendem Büchsenlicht oder noch später aus und verlassen die freien Äsungsflächen bereits vor dem Hellwerden, um sich in ihre schützenden Einstände zurückzuziehen.

Natürlich gibt es Ausnahmen, wie zur „dummen Stunde" zwischen 11 und 13 Uhr, zur Mittagszeit. Pirscht man dann durchs Revier, ohne überhaupt an eine Begegnung mit einem alten Rehbock zu denken, trifft man mitunter unerwartet auf einen solchen „Geheimrat".

Ein junger Bock streckt den Windfang aus der Deckung, sichert kurz, und schon zieht er aus. Der Alte steht plötzlich wie hingezaubert da, als sei er aus dem Nichts gekommen, hat sich im Schutz des Waldes längst schon Wind geholt und ist dann, unter Ausnutzung selbst der unscheinbarsten Deckung, die vom Menschenauge kaum als solche wahr-

Altersklassen bei Böcken und Ricken, von l. nach r.: jung, mittelalt, alt

genommen wird, vom Jäger ungesehen ausgetreten.

Alte Böcke treten auch gern dort aus, wo der Wind küselt. Hört man, dass sich ein Stück nähert, ist es meistens ein junges Reh, alte bewegen sich lautloser.

Auch wenn sie ausgetreten sind, verhalten sich alte Rehböcke anders als junge. Der junge Bock wirkt unsicher, nervös, wirft oft auf, äst kurz, zieht ein paar Gänge weiter, verhofft und kommt nicht zur Ruhe. Er muss wohl jederzeit mit dem Erscheinen des Platzbocks rechnen. Dieser äst, sobald er ausgetreten ist, ohne oft aufzuwerfen. Offensichtlich hat er vorher intensiv gesichert. Der alte Bock vermittelt den Eindruck, als wolle er möglichst schnell satt werden, um dann die freie Fläche endlich wieder verlassen zu können.

Das Gehörn

Entwicklung

Die „normale" Entwicklung eines Rehbockgehörns, wie in manchen Lehrbüchern beschrieben, also einjähriger Bock = Spießer, zweijähriger = Gabler, drei- und mehrjähriger Bock = Sechser, ist die Ausnahme. Wenn Äsung und vor allem die Wetterlage im vorangegangenen

Typisches Jährlingsgehörn: dünne und an der Basis eng gestellte Stangen

Winter die Gehörnentwicklung begünstigte, beobachtet man in guten Biotopen (kalkhaltige Böden) auch einjährige Sechserböcke. Waren die Verhältnisse ungünstiger, sind schwache Knopfspießer häufiger zu beobachten.

Die Rosenstöcke des Jährlings stehen meist eng beieinander und damit auch die Stangenbasen. Da der Schädel des Bocks im Lauf der Jahre an Breite zunimmt, rücken die Rosenstöcke mit zunehmendem Alter weiter auseinander.

Ein zweijähriger Bock sollte möglichst bereits ein Sechsergehörn schieben. Wie beim Rothirschgeweih liegt die Gehörnmasse eines jungen Bocks meistens oben, die eines alten meistens unten. Ein mittelalter Bock zeigt normalerweise die beste Vereckung und „prahlt", das heißt, sein Gehörn wirkt (nicht nur im Bast) weitaus stärker, als es ist.

Je älter Böcke werden, desto knuffiger werden oft ihre Stangen. Bei zunehmend schwächerer Ausprägung der Enden sinkt die Gehörnmasse weiter nach unten. Da die Rosenstöcke mit jedem Abwerfen der Stangen dicker und kürzer werden, liegen die Rosen alter Böcke oft tief in der Decke. Mein Großonkel sagte: „Bei einem starken, alten Bock muss es dicht zwischen den Lauschern sein."

Sogenannte Dachrosen, also nach außen abfallende Rosen, sind jedoch kein Altersmerkmal, wie man lange glaubte, sondern Veranlagung.

Die Stangen gering veranlagter Böcke werden auch später meist nicht knuffig, sondern bleiben dünn und endenarm.

Böcke setzen mitunter schon ab vier Jahren zurück.

›TIPP

Jagen sich zwei Böcke, ist der Getriebene nicht immer der Schwächere. Der Jagende ist aber der Ältere und somit Ranghöhere, auch wenn er nicht das stärkere Gehörn trägt.

Nehmen Alter und Stärke des Rehbocks zu, werden Rosen und Perlung kräftiger und es wird „dichter zwischen den Lauschern".

Ansprechen des Gehörns

Da man von der Seite die dem Betrachter zugewandte Stange und stets nur einen Teil der hinteren Stange sieht, ist es sicherer, das Gehörn spitz von vorn oder von hinten zu betrachten.

Um die Höhe der Stangen zu beurteilen, eignen sich die Lauscher als Vergleichsgröße denkbar schlecht, und „Weisheiten" wie „Der Bock hat handbreit über Lauscher geschoben", sind Spekulation. Die Lauscher des Wildes spielen fortwährend, mal bewegen sie sich über die Stangen, mal sind sie gleich hoch oder darunter, mal werden sie „gespitzt" und stehen dabei steil nach oben.

Zu bedenken ist auch, dass eng gestellte Stangen höher wirken als weit ausgelegte. Außerdem prahlen Gehörnstangen – insbesondere gut vereckte – frühmorgens, bei hellem Licht und wenn es taut; abends, wenn das Büchsenlicht langsam schwindet, wird ein Bock oftmals als weitaus schwächer angesprochen, als er in Wirklichkeit ist.

Gestalt und Decke

Mit den wechselnden Jahreszeiten ändern sich Körperhaltung und -form. Vor der Brunft sind die Rehböcke meistens feist; Ende August, wenn sie abgebrunftet sind, wirken sie dürr. Nicht nur ein alter Bock trägt den Kopf tief, auch ein suchender junger Bock, und ein alter verunsicherter hält den Kopf ebenso hoch wie ein Jährling. Alle diese Kriterien erlauben bei der Beobachtung des lebenden Stücks eher eine nur grobe Schätzung des Alters als dessen genaue Bestimmung.

Deckenfärbung

Die Deckenfärbung des Rehwildes ist im Winter graubraun und im Sommer meistens brandrot. Der sommerliche Farbton variiert zwischen Hell- und Dunkelrot und erscheint mitunter auch braun- oder grau-rot und ist regional unterschiedlich. Böcke wirken im Sommer meistens satter

Für das menschliche Auge sehr auffällig: „Roter“ Bock auf grüner Wiese. Da die natürlichen Feinde des Rehwildes aber „rotgrünblind“ sind, ist dessen Sommerfärbung eine gute Tarnung.

rot in ihrer Färbung als Ricken. Stücke mit fahlgelber Deckenfärbung sind zwar meistens alt oder kränklich, doch ist auch diese Färbung nicht immer ein Abschussgrund.

„Feldrehe“ zeigen oft eine hellere Färbung. Ihr Haar bleicht während des Sommers schneller aus als das der Rehe, die sich vornehmlich im Wald aufhalten, erst bei schwindendem Licht ihre Deckung verlassen und der Sonne nicht mehr so stark ausgesetzt sind.

Die Sommerfärbung des Rehwildes ist eine gute Tarnfärbung, denn Wolf und Luchs können, wie auch viele andere Hunde- und Katzenartigen, Farben im Rot-Grün-Bereich nicht sehr gut unterscheiden. Besonders schwierig ist es, schwarzes Rehwild anzusprechen. In manchen Gebieten der norddeutschen Tiefebene kommt es noch häufig vor.

Abschließend sei festgestellt, auch wenn es den Leser enttäuschen mag: Es gibt bei zweijährigen und älteren Rehen keine 100-prozentig verlässlichen Altersmerkmale, nicht einmal an gestrecktem Wild, es sei denn, es wurde markiert.

Haarwechsel

Der Beginn des Haarwechsels ist beim Rehwild im Herbst kaum zu bemerken, weil das verbliebene Sommerhaar das nachwachsende Winterhaar noch lange Zeit überdeckt. Entdeckt man die ersten dunkleren Stellen auf der Decke, ist der Zustand des eigentlichen Verfärbens schon weit fortgeschritten, und es verbleiben nur noch wenige Tage bis zum völligen Durchfärben.

Der Haarwechsel ist individuell unterschiedlich und findet normalerweise zwischen Mitte September und Anfang Oktober statt. Beginn und Dauer hängen vom Klima sowie von der Kondition, dem Alter und der Gesundheit des jeweiligen Stücks ab. Der gesamte Haarwechsel dauert ungefähr einen Monat, wobei das Winterhaar immer noch weiterwächst. Zur besseren Kälteisolierung enthält es viele Luftkammern, die sein Volumen vergrößern. Deswegen trägt die Winterdecke gut doppelt so viel auf wie die Sommerdecke, was die Rehe sehr viel stärker erscheinen lässt.

Der Spiegel vergrößert sich im Winterhaar ebenfalls und erlaubt nun wieder ein Unterscheiden der Geschlechter. Der Pinsel des Bocks wird im Herbst ebenfalls wieder sichtbarer, auch sein Haar wächst den Winter über weiter. Am Träger erscheinen nach dem Haarwechsel im Herbst ein bis zwei helle „Drosselflecke", deren Form aber eher zum Wiedererkennen einzelner Stücke und weniger zur Altersansprache taugt.

Kitze und Jährlinge verfärben als Erste, ältere Stücke etwas später, Starke vor Schwachen, Gesunde vor Kranken, gut Ernährte vor schlecht Ernährten und Einzelne vor führenden Stücken. Ein zeitiger Haarwechsel zeugt in erster Linie also von guter Gesundheit, weniger von geringem Alter.

Im September ist das Ansprechen des Rehwildes eine wesentlich einfachere Angelegenheit als zu jeder anderen Jahreszeit. Deshalb ist der Jäger gut beraten, diesen Monat für einen Großteil des weiblichen Abschusses nutzen.

Schwarzes Rehwild ist in der Regel nicht schwächer als normal gefärbtes, wirkt aber in der dunklen, eng anliegenden Decke schlanker.

Die Bejagung des Rehwildes

Hege und Abschussplanung

Nach dem Jagdgesetz ist allgemeines Ziel der Hege, einen artenreichen und gesunden, den Erfordernissen der Land- und Forstwirtschaft angepassten Wildbestand zu erhalten und die daraus resultierende Abschussplanung durchzuführen.

Hegeziel und Abschussgrundsätze

Wollen wir eine gesunde Population beim Rehwild erhalten erfolgt der Wahlabschuss tunlichst in der nachfolgenden Reihenfolge der Kriterien: 1. Alter, 2. Wildbretgewicht, 3. Gehörn.

Die Strecke sollte beim männlichen Rehwild folgendermaßen gegliedert sein: 30 Prozent Bockkitze, 30 Prozent Jährlinge, 20 Prozent zwei- und dreijährige, 20 Prozent vierjährige und ältere Böcke. Beim weiblichen Rehwild ist folgender Abschuss anzustreben: 40 Prozent Rickenkitze, 20 Prozent Schmalrehe und 40 Prozent Ricken.

Bei beiden Geschlechtern heißt es also: scharfer Eingriff in die Jugendklasse, zurückhaltender Abschuss von mittelalten und reifen Stücken.

Keineswegs darf Hege zur Zucht von Trophäenträgern ausarten. Ich erwähnte bereits in meinem Buch „Mit Buchenblatt und Büchse“ (Kosmos Verlag, 2013), dass die klassische Hege mit der Büchse nach Raesfeld'schem Muster in den letzten 80 Jahren keine nennenswerte Verbesserung der Gehörnqualität gebracht hat.

Gesunde und ausgeglichene Population

Als Hegeziel ist daher eine biologisch und ökologisch gesunde Rehwildpopulation mit ausgeglichenem Geschlechterver-

Ein derart abgekommenes Stück sollte der Jäger ohne zu zögern erlegen.

>TIPP

Die Körperstärke gibt Aufschluss über den Knochenbau. Nur bei kräftigem Knochenbau wachsen auch starke Rosenstöcke. Sie sind die Basis für gute Gehörne. Das Gehörn selbst gibt aber keinen sicheren Aufschluss über die Beschaffenheit eines Rehwildbestands.

hältnis, artgerechtem Altersklassenaufbau sowie dem Lebensraum angepasster Wilddichte anzustreben.

Kümmernde, hustende, kränklich wirkende und kranke Stücke, z. B. Rehe mit verschmutztem Spiegel, struppiger Decke oder mit Verletzungen und schlechtem Körperzustand sollten auch unabhängig von der Jagdzeit sofort geschossen werden. In der Entwicklungsgeschichte wird das Rehwild als eine der ältesten Arten in der Familie der „Hirsche" (*Cervidae*) beschrieben. Eine genetische Auslese (früher sprach man fälschlicherweise von „Aufartung" oder „Artverderbertheorie") ist dem Menschen nicht möglich.

Untauglich: Kriterium Gehörnqualität

Es ist ein Irrglaube, durch sogenannte „Hegeabschüsse" bei Rehböcken die Qualität eines Rehwildbestands merklich steigern zu können. Die Trophäe eines Bocks ist das Produkt „körperlicher und sozialer Gesundheit", nicht nur ein „Auswuchs seiner Erbanlagen", denn das Wachstum des Gehörns wird nicht nur von den Genen beeinflusst. Wie Untersuchungen gezeigt haben, lässt sich nämlich die Qualität der Gehörne durch gezielte Maßnahmen zur Äsungsverbesserung deutlich steigern.

Wie bei jedem Lebewesen tragen auch beim Reh beide Elternteile zu den Erbanlagen der Nachkommen bei. Die Ricke steuert für den Gehörnaufbau des männlichen Kitzes ebenso ihre Gene

Der Abschuss von Knopfern und schwachen Spießern allein verbessert die Qualität eines Rehwildbestands nicht. Dazu müssen auch die dazugehörigen Mütter erlegt, für eine angepasste Rehwilddichte sowie ein ausgeglichenes Geschlechterverhältnis gesorgt werden.

bei, auch wenn diese Anlagen bei den weiblichen Stücken äußerlich kaum zu erkennen sind. Ricken tragen nun mal kein Gehörn!

Auf manchen Hegeschauen werden jedes Jahr zahllose Knopfbockschädel ausgestellt. Seit über 50 Jahren versuchen viele Revierinhaber, diese „Kümmerer" durch eine „Zuchtauswahl" auszumerzen. Trotzdem wird ihre Anzahl nicht geringer, im Gegenteil, Jahr für Jahr erscheinen sie in gleicher Anzahl. Auch das beweist, dass die Hege mit der Büchse nach alter Väter Sitte beim männlichen Rehwild leider keine nennenswerten Erfolge bringt. Die zeitigen eben nur eine Aufwertung der Biotopqualität und eine angepasste Wilddichte.

Rickenabschuss

Beim Rickenabschuss müssen vornehmlich die Ricken, die Jahr für Jahr extrem spät setzen, geschossen werden. Ihre Kitze gehen schwächer in den Winter als ihre früh gesetzten Artgenossen, die länger von der üppigen Sommeräsung profitieren konnten.

Jährlinge

Auch ein starker Eingriff in die Jugendklasse und bei den Jährlingen lässt genügend gute Böcke heranwachsen. Für eine ausgeglichene Alterspyramide werden nämlich nur wenige Jährlinge benötigt, zu viele dieser Jünglinge gefährden einen tragbaren Aufbau.

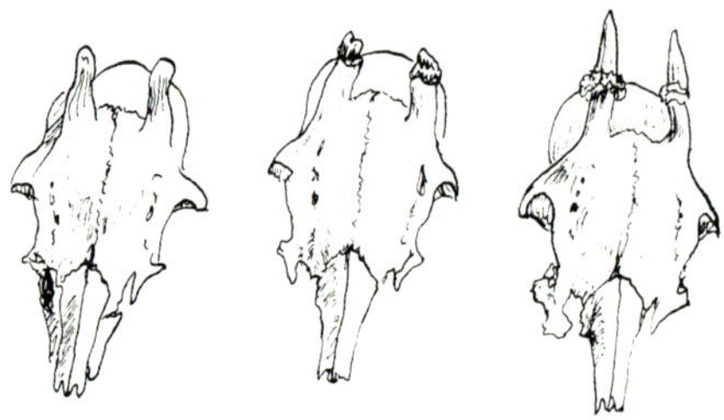

Unterentwickelte Rosenstöcke auf schmalen Schädeln sind keine Basis für starke Gehörne.

Wird ein schwacher Jährling geschont, mogelt er sich in den nächsten Jahren oft unauffällig durch und fällt erst später wieder auf, wenn er als ranghöherer, aber nicht starker Bock jüngere (bessere) Böcke aus seinem Einstand vertreibt.

Es ist Geschmackssache und heute zumindest nicht mehr „unwaidmännisch", junge Böcke im Bast zu erlegen.

›TIPP

Der Wahlabschuss in der männlichen Jugendklasse sollte möglichst in den ersten Wochen nach Aufgang der Bockjagd erfolgen. Dann ist das Ansprechen einfacher als im Herbst, wenn ein starkes Bockkitz von einem schwachen Jährling mitunter kaum noch zu unterscheiden ist.

Geschlechterverhältnis und Altersaufbau

Das natürliche Geburtenverhältnis beträgt normalerweise 1:1. Allerdings ist – wahrscheinlich infolge größerer Aktivität und Aggressivität gegenüber Artgenossen und damit nicht zuletzt auch höhere Verluste durch den Straßenverkehr – die natürliche Sterblichkeit bei Böcken höher als bei Ricken. Im Lauf der Zeit verschiebt sich in vielen Revieren daher das Geschlechterverhältnis zugunsten des weiblichen Rehwildes.

1:1 ist ideal

Ungeachtet der natürlichen Verschiebung zugunsten des weiblichen Wildes sollte man in seinem Revier ein ausgeglichenes Geschlechterverhältnis anstreben. 100-prozentig wird das allerdings nur in kleineren Gatterrevieren mit markierten Stücken gelingen. In freier Wildbahn ist das Geschlechterverhältnis nur großräumig zu beeinflussen, denn in den meisten Gebieten lässt sich die Anzahl der Rehe nicht einmal annähernd genau bestimmen, auch wenn Jäger meinen, (fast) alle Stücke in ihrem Revier zu kennen.

Bei einem „günstigen" Geschlechterverhältnis 1:1 oder 1:1,5 vererbt sich normalerweise das stärkste Stück. Bei einem ungleichen Verhältnis von z. B. 1:4, wenn also einem Bock vier weibliche Stücke gegenüberstehen, kommen auch schwache Böcke zum Beschlag. Außerdem führt ein Überhang an weiblichen Stücken zu unkontrollierten Zuwachsraten und einem gestörten Altersaufbau der gesamten Population.

Bei ausgeglichenem Geschlechterverhältnis sollte der Abschussplan im Verhältnis 55 % weiblich zu 45 % männlich aufgestellt werden. Das Geschlechterverhältnis ist bei der Bockjagd in der Brunft von besonderer Bedeutung (s. Kap. „Die Blattjagd", S. 59).

Ein Drittel von jeder Altersgruppe

Der Altersklassenaufbau eines gesunden Rehwildbestands sollte sich im Frühjahr zu einem Drittel aus Schmalrehen und Jährlingen, einem Drittel aus zwei- und dreijährigen Stücken und einem Drittel reifer Stücke – das heißt vier Jahre und älter – zusammensetzen.

Friedrich von Gagern schrieb in seinem Buch „Birschen und Böcke", dass der Rehbock in seinem siebten bis achten Lebensjahr den Höhepunkt seiner Gehörnkraft erreiche. Ich kann dies für rehwildarme Gegenden bestätigen. Bei hoher Rehwilddichte scheinen die Böcke aber manchmal bereits mit vier oder fünf Jahren auf der Höhe ihrer Kraft zu sein und anschließend bereits zurückzusetzen. Da man aber nicht weiß, wie sich der Bock im folgenden Jahr entwickelt hätte, ist das nicht zu verifizieren.

Der richtig aufgebaute Frühjahrsbestand besteht zu je einem Drittel aus einjährigen Stücken, mittelalten Rehen (zwei und drei Jahre) und älteren Stücken (vierjährig und älter).

In freier Wildbahn können Rehe zehn bis zwölf, unter günstigen Verhältnissen im Extremfall sogar 15 Jahre alt werden. Es ist anzunehmen, dass sich bei einer Wildart mit einer so hohen Lebenserwartung die „Gehörnkraft" auch über das dritte oder vierte Jahr hinaus entwickelt.

Wilddichte

Die wirtschaftlich tragbare Wilddichte eines Rehwildbestands hängt unter anderem von der Äsungskapazität, dem Klima, der Deckung, der Beunruhigung und von der Zusammensetzung und Anzahl der übrigen Wildarten ab, die in dem jeweiligen Gebiet vorkommen. Stehen mehrere Schalenwildarten im Revier, muss die Anzahl jeder einzelnen Art geringer sein als in einem Revier, in dem lediglich eine größere Wildart lebt.

Je weniger Rehe auf einer bestimmten Fläche vorkommen, desto besser sind normalerweise die Wildbret- und Gehörngewichte. Der alte Spruch „Wenig Rehe, gute Rehe" oder die aus Osteuropa stammende Weisheit „Wo der Wolf jagt, gibt es starke Rehe" tragen sicherlich mehr als ein Körnchen Wahrheit in sich.

Grundsätzlich gilt auch: „Mastjahre mit sonnenreichem Winter sind Gehörnjahre."

Zu hohe Wilddichte

Hohe Dichte bewirkt geringe Wildbretgewichte und vermehrte Krankheiten sowie Parasitenbefall. Das führt zu schwächeren Gehörnen und bei Jährlingen zu einem hohen Knopfbockanteil. Eine dem

>TIPP

Gut veranlagte Böcke fallen nach stürmischer Jugendentwicklung mitunter im dritten oder vierten Jahr zurück, um dann im sechsten oder siebten Jahr unerwartet sehr stark oder sogar kapital zu werden.

Lebensraum angepasste Bestandsreduzierung ist dann dringend geboten.

Auch viel Fallwild durch Straßenverkehr zeugt von zu hohem Wildbestand. Besonders im Frühjahr ist die Anzahl der Unfallopfer, vor allem an jungen Böcken, die aus Einständen älterer Böcke vertrieben wurden und überfahren werden, sehr hoch.

Ideale Dichte

Äsungs- und deckungsarme Lebensräume vertragen höchstens vier bis fünf Stück Rehwild auf 100 ha, Standorte mit überdurchschnittlichem Waldanteil sechs bis acht, besonders günstige Lebensräume verkraften neun bis zwölf oder sogar mehr Stücke. Das sind aber nur grobe Anhaltswerte, weil – wie bereits erwähnt – ein Rehwildbestand nur ungemein schwierig, wenn nicht unmöglich exakt ermittelt werden kann.

Angemessene Wilddichten sind ein Dauerthema unter Jägern, zumal jedes Revier dem Wild andere Bedingungen bietet. Die Lebensraumqualität spielt dabei eine sehr wichtige Rolle. Ein Patentrezept zur Aufstellung einer genau definierten Bestandszahl gibt es leider nicht. Schon Friedrich von Gagern sagte: „Kein Jäger kann etwas für die Stärke seiner Beutestücke. Es kommt alles auf den Geburtsort, auf die Heimat, das Erlegungsjahr, den Zufall und den Geldbeutel – oft auf das Allerwenigste aber auf das Können und Verdienen an!“

Eine ideale Rehwilddichte für alle Fälle gibt es nicht: Sie hängt von zahlreichen Faktoren ab.

Jagdarten

Es gibt Regeln, die für alle Jagdarten zutreffen. Der Jäger hat sich z. B. auf der Pirsch, dem Ansitz oder bei der Lockjagd stets ruhig zu verhalten und penibel auf den Wind zu achten. Er ist sein wichtigster Verbündeter – oder sein größter Feind. Es ist daher oberstes Gebot, vor jedem Gang ins Revier den Wind zu prüfen, weil hiervon der Jagderfolg in hohem Maße abhängt.

Faktor Wind

Natürlich kann man die problemloseste Art wählen und einfach gegen den Wind lospirschen. Sehr bald aber wird man dann die Reviergrenze erreichen, und die Jagd ist hier beendet. Es empfiehlt sich daher, mit halbem Wind zu pirschen, denn dann kann man fast das gesamte Revier miteinbeziehen.

›TIPP

Mücken, in Schwärmen oder Säulen in der Luft stehend, rauf und runter schwebend, haben fast immer ihre Köpfe dem Wind zugewandt. Um das erkennen zu können, darf der Jäger allerdings die Brille nicht vergessen ...

Weht er nicht zu stark, ist der Wind der engste Verbündete des Rehs. Mit dem Windfang wird ständig die Umgebung geprüft.

Während man sich in der Ebene auf freier Fläche darauf verlassen kann, dass der Wind zu bestimmten Tages- und Jahreszeiten stets aus der gleichen Richtung weht, gilt diese Regel nicht für den Wald. Dort küselt oder flattert der Wind oft. Vor einem Hindernis, wie beispielsweise einem Berg oder Rand eines Hochwaldes, brechen sich die Luftströmungen und wehen dann unberechenbar aus völlig anderen, mitunter entgegengesetzten Richtungen.

Da dieses Phänomen überall ähnlich anzutreffen ist, sollte der Pirschjäger den örtlichen Bewuchs und die Geländeformationen kennen und wissen, welche Örtlichkeiten die Windströmungen beeinflussen und von den üblichen abweichen lassen.

Windregeln

In der Nähe großer Wasserflächen zieht leichter Wind am Tag fast immer landeinwärts, da sich das Land schneller erwärmt als das Wasser. Nachts ist es umgekehrt: Nach Sonnenuntergang kühlt das Land schneller ab als Wasser und der Wind zieht zum Wasser.

Im Gebirge erwärmen sich die von der Sonne bestrahlten Hangseiten stark, die Luft steigt auf, während sich nach Sonnenuntergang die Berge eher wieder abkühlen und die Luft nach unten, also ins Tal sackt. Man beachte immer die alte Regel: „Der Wind in der Nacht und im kühlen Schatten steht nach unten, bei Sonne nach oben."

In der Ebene weicht der Wind oft auch von seiner allgemeinen Richtung ab, wenn er in offene Bestände, Flusstäler, Bachläufe oder in breite Schneisen und Wege gedrückt bzw. hineingesogen wird. Auf Waldblößen wirbelt er mitunter sogar für längere Zeit im Kreis herum. Wenn man Windwürfe oder Freiflächen zwischen hohem Altholz anpirscht, ist daher besondere Vorsicht geboten. Hier küselt der Wind fast immer.

Wind und Hochsitz

Auf Hochsitzen am Waldrand wird der Jäger, wenn er sich mucksmäuschenstill verhält, vom Rehwild kaum wahrgenommen werden. Verraten kann ihn dann nur noch der Wind, und der ist am Waldrand unberechenbar.

Geländeformation und Bodendeckung können die Windrichtung stark beeinflussen.

Besonnte Hänge erwärmen sich stark, die ebenfalls erwärmte Luft steigt an ihnen in die Höhe. Nachts streicht die abgekühlte Luft wieder zu Tal.

Weht der Wind von vorn, entstehen Turbulenzen, wenn er auf eine Wand aus Bäumen stößt. Weht er vom Wald hinaus aufs Feld, überschlägt er sich leicht an der Waldkante, drückt die menschliche Witterung zu Boden und wirbelt sie durcheinander. Dieser Vorgang lässt sich an den dünnen Nebelschwaden beim abendlichen Ansitz beobachten. Zwar

An Waldrändern „kippt" der Wind oft „über", weht entgegen der allgemeinen Richtung und zieht weit in den Wald hinein.

weht der Wind von den Wiesen direkt auf den Wald zu, die Dunstschleier wandern aber am Boden in umgekehrter Richtung. Feuchtigkeit und Temperatur spielen ebenfalls eine bedeutende Rolle. Wenn der Hochsitz am Waldrand noch im

Am Tage erwärmt sich das Land schneller als Wasser. Bei mäßig bewegter Luft weht daher der Wind vom Wasser aufs Land. Nach Sonnenuntergang ist es umgekehrt.

kühlen Schatten liegt, während auf den Feldern die wärmende Sonne die Luft bereits zum Steigen bringt, entsteht die sogenannte Thermik. Das heißt, warme Luft steigt nach oben, kalte strömt am Boden nach. Bestätigt ein Blick zum Himmel, dass die Wolken stramm von Ost nach West wandern, kann es in Bodennähe aus einer völlig anderen Richtung wehen.

Windprüfung

Auf der Jagd haben sich verschiedene Methoden bewährt, die Windrichtung festzustellen: Mehl, aus einer kleinen Plastikflasche gespritzt, kann auch bei schlechtem Licht noch anzeigen, woher der Wind weht. Durch die helle Staubwolke des nach oben gesprühten weißen Pulvers ist auch in der Dämmerung oder bei feuchter Witterung die kleinste Luftbewegung festzustellen.

Eine Mehlstaubwolke zeigt die Windrichtung an – nur eine von vielen Methoden, den Wind zu prüfen.

Man kann auch die sogenannten „Pustefixflaschen“ (aus denen Kinder Seifenblasen steigen lassen), mit Wasser-Spülmittel-Gemisch gefüllt, verwenden. Andere stecken sich einige Flaumfedern (z. B. von einer erlegten Taube) hinter das Hutband, zupfen bei Bedarf ein Stückchen ab, lassen es fallen und erkennen die leiseste Luftströmung.

Ich verwende Pusteblumen vom Löwenzahn, geriebenes trockenes Gras bzw. Laub oder eine Handvoll abgestreifter Grassamen, die ich in die Luft werfe. Auch der angefeuchtete Zeigefinger, in die Höhe gehalten, lässt die Windrichtung erfühlen: Der Wind weht von der Seite, an der man das stärkste Kältegefühl empfindet.

>TIPP

In Revieren, die stark von Spaziergängern und anderen „Naturnutzern“ frequentiert werden, sollten Pirschsteige zum Hochsitz nicht an viel begangenen Wegen, sondern erst 10 oder 20 m davon entfernt beginnen, damit sie nicht von Unbefugten benutzt werden. Man kann die Wege auch nach wenigen Metern in einer starken Biegung „verschwinden“ lassen, um sie „unsichtbar“ zu machen.

Der Ansitz

Beim Ansitz erwartet der in guter Deckung harrende Jäger bei günstigem Wind das Wild an Äsungsplätzen oder Wechseln, Luderplätzen, Suhlen, Salzlecken, Kirrungen oder anderen vom Wild regelmäßig aufgesuchten Orten, um es zu beobachten oder zu erlegen.

Um einen bestimmten Einstand möglichst wenig zu beunruhigen, sollte er bald zu Schuss kommen und nicht zu häufig und in kurzen Abständen tage- oder gar wochenlang regelmäßig an derselben Stelle ansitzen. Wer wenig schießt, ist durchaus noch kein Heger. Wie bereits erwähnt: Wer selten rausgeht und dann viel (und richtig) Strecke macht, verfährt besser als der, der ständig hockt, aber nur jedes zehnte Mal einmal schießt. Der Jäger beeinträchtigt bei jedem Jagdgang die notwendige Ruhe des Wildes, meist ohne selbst die Störung wahrzunehmen, weil er das vergrämte Wild gar nicht bemerkt.

Deshalb hat der Ansitz auf Rehwild als die bei uns meistverbreitete Jagdart seine Berechtigung, weil sich der Jäger im Gegensatz zur Pirsch nicht bewegt und das Wild dadurch nicht übermäßig beunruhigt wird.

Hochsitzstandort

Auch wenn es in vielen Revieren üblich ist, Hochsitze an eine Feld-Wald-, Wald-

An der Grenze von Wald und Feld oder Wiese stehen Hochsitze zwar häufig, aber nicht immer sinnvoll.

Wiesen- oder ähnliche Grenze zu postieren, ist das nicht immer sinnvoll. Ich habe mit solchen Ansitzen nicht nur gute Erfahrungen gemacht.

Gerade Randgebiete sind dem Wild nämlich stets verdächtig. Dort sichert es, vom Jäger ungesehen, lange im Schutz des Waldes, bevor es – eventuell – austritt. Nicht nur der Jäger beobachtet aufmerksam sein Wild, sondern das Wild auch den Jäger, und es bemerkt ihn normalerweise eher. Sitzt man auf dem Boden in einiger Entfernung von solchen Hochsitzen, kann man beobachten, dass unerfahrene, unvorsichtige, zumeist jüngere Rehe sich an dem Hochsitz kaum stören. Erfahrene Stücke und solche, die sich von diesen führen lassen, schlagen hingegen einen Bogen um die Sitze.

Ich ziehe es deshalb vor, 10 bis 20 m von der Feld- oder Wiesenkante entfernt im Wald auf dem Boden oder Dreibein anzusitzen. Unzählige Male habe ich dann völlig sorglos herumbummelndes Wild beobachtet, das umso intensiver sicherte, je näher es der Gefahren-, sprich Randzone kam. Der Ansitzjäger sollte das Wild sehen, ohne selbst gesehen zu werden, und es hören, ohne selbst Geräusche zu verursachen. Darüber hi-

>TIPP

Bei der Standortwahl für einen Hochsitz sind folgende Punkte zu berücksichtigen:

- *Sicherheit (u. a. Stabilität bei Sturm, Schutz vor Blitzen),*
- *Erreichbarkeit (u. a. unauffälliger Anmarsch),*
- *Lichtverhältnisse (im Wald wird es früher dunkel und später hell als auf den Feldern),*
- *Sicht (störende Zweige müssen behutsam entfernt werden, tief stehende Sonne kann blenden).*

naus sollte ein Hochsitz nicht zu dicht an der Reviergrenze stehen (nach schlechten Schüssen muss das beschossene Wild noch vor der Reviergrenze Deckung finden).

Verharrt der Jäger fantasielos, ohne nach anderen Möglichkeiten zu suchen, immer auf denselben Hochsitzen, wird er schon bald kaum noch Anlauf haben. Rehwild lernt nämlich und hat ein gutes Gedächtnis. Es wird Orte, die mit „schlechten Erfahrungen" verknüpft werden, zu bestimmten „Störzeiten" weitgehend meiden.

Verhalten auf dem Ansitz

Der Ansitz ist nichts für Träumer. Schon ein alter Spruch besagt: „Wer drei Stunden auf Ansitz jagt, hat keine zehn Sekunden zu verschenken, oder er verschenkt seine Chance!" Richtiges Ansitzen ist anstrengend, fordert vom Jäger viel jagdliche Erfahrung, ständige Aufmerksamkeit, volle Konzentration, Geduld und viel Zeit.

Bereits lange bevor das Wild austritt, sollte man zur Stelle sein und den Rückmarsch erst antreten, wenn das Wild wieder in die Einstände gezogen ist. Gut geeignet sind Sitze mit geschlossener Rückwand und halb geschlossenen Seitenwänden. Es entsteht eine Nische, die Zugluft verhindert.

In das Kanzelfenster, die Hochsitzbrüstung oder an einen Zweig davor hänge ich den auf Seite 145 beschriebenen Kanzel-„Wetterhahn". Schon beim Angehen zeigt diese „Windfahne" mir durch das Fernglas auf weite Entfernung zuverlässig die Windrichtung an, und ich weiß mit einem Blick, ob es sinnvoll ist, diesen Sitz oder einen anderen zu wählen.

Wer bereits im zeitigen Frühjahr, lange vor Aufgang der Bockjagd, Hochsitze freischneidet, wird am 1. Mai beim ersten Ansitz enttäuscht sein. Mit frischem Laub beladen sinken die Äste weit nach unten ins vermeintlich freie Sichtfeld.

Die Pirsch

Die Pirsch wird als „Krone des Waidwerks" bezeichnet; der Jäger sucht das Wild, um sich ihm auf Schussentfernung zu nähern. Sein Nachteil ist: Er muss sich dabei bewegen. Er muss das Wild im wahrsten Sinne des Wortes überlisten, denn dessen Sinne sind den seinen weit überlegen. So verfügt Schalenwild über ein Sehfeld von 300 Grad und kann eine störende Bewegung sofort wahrnehmen, auch wenn es den Jäger nicht direkt anäugt. Der Jäger ist allein auf seine Sinne, seine Gewandtheit und seine Erfahrungen angewiesen. In der Überwindung der Schwierigkeiten, der Hindernisse liegt der Reiz der Pirschjagd.

Grundregeln

Eine alte Jägerweisheit lautet: „Am Abend der Ansitz, am Morgen die Pirsch." Man tut gut, sich daran zu halten. Das Wild ist morgens, nach dem Äsen, satt und bequem. Dann bummelt es in die Tageseinstände, noch hier und dort äsend, meistens unaufmerksamer, unvorsichtiger als abends, wenn es hungrig, aber ausgeruht, misstrauisch, aber zielstrebig auf die Freiflächen austritt.

Beim Ansitz erwartet der Jäger regungslos das sich nähernde oder vorüberziehende Wild. Bei der Pirsch ist es umgekehrt: Der Jäger bewegt sich, wenn auch langsam. Er wird vom still verhoffenden oder ruhenden Wild dabei früher registriert, während er selbst ein bewegungsloses oder ruhendes Stück kaum oder erst sehr spät bemerkt. Daher ist eines der Hauptgebote für den Pirschjäger: Niemals hastig bewegen!

›TIPP

Es hat sich bewährt, vor der Pirsch oder dem Marsch zum Ansitz Farnkraut oder frisch abgebrochene Nadelholzzweige auf einen Stapel zu legen und gleichsam wie auf einer Fußmatte die Schuhsohlen abzureiben. Die frischen Pflanzensäfte haften dann an den Sohlen und übertönen die menschlichen Gerüche.

Die Pirsch – „Krone des Waidwerks"! Doch allzu viel ist ungesund: Ein Revier ist schneller leer gepirscht als leer geschossen!

Unsere Vorväter prägten dafür den Ausspruch: „Nicht pirschen gehen, sondern pirschen *stehen*", also möglichst oft stehen bleiben, aufmerksam die Umgebung mustern, und das – wenn irgend möglich – in guter Deckung.

Dabei sollte man sich nicht hinter einem Baum verbergen, sondern davor. Durch Verschmelzen der Konturen mit dem Stamm ist der Jäger vor einem Stamm schlechter wahrzunehmen, als wenn er sich dahinter verbirgt und an ihm vorbeischaut. Wir haben lediglich zwei, der Wald aber tausend Augen!

Pirschen mit Erfolg

Um erfolgreich zu pirschen, kann man seine Augen entsprechend trainieren. Abspringendes Wild zu sehen, ist verhältnismäßig einfach. Ruhendes oder verhoffendes zu entdecken, dagegen relativ schwierig. Bei der Pirsch sollte man das Fernglas möglichst wenig benutzen. Abgesehen von störenden Bewegungen, kann man mit ihm wirkliche Proportionen mitunter nur schwach erkennen.

Damit das Auge sich an jede Einzelheit in der Landschaft gewöhnt und die Details wahrnimmt, sollte man stets den Blick von rechts nach links schweifen lassen. Da unsere Augen durch häufiges Lesen routinemäßig meistens von der linken zur rechten Seite „arbeiten", können sie in umgekehrter Richtung ausgeruhter und daher genauer und konzentrierter sehen.

Ein vom Jäger aufgeschreckter und laut mit den Schwingen klatschender Ringeltauber warnt das in der Nähe stehende Rehwild ebenso wie ein krächzender Eichelhäher, ein tickendes Rotkehlchen, ein aufgeregter Zaunkönig oder eine schimpfende Amsel. Besonders Vögel, die sich mit Vorliebe in Bodennähe aufhalten oder dort brüten, sind aufmerksam und melden Störungen an die Umgebung. Jedes vom Jäger aufgescheuchte Tier macht nicht nur seine Artgenossen, sondern alle Tiere in der Nähe auf die herumschleichende Gefahr aufmerksam. Also nicht nur auf den erhofften Rehbock konzentrieren, sondern alle Tiere wahrnehmen, bevor sie uns entdecken!

Ein Revier ist schnell „leer gepirscht", natürlich besonders kleine Reviere, daher nicht zu oft und zu lange pirschen. Trotzdem: An manch spannende Erlebnisse auf der Pirsch erinnere ich mich lieber als an zwar erfolgreiche, aber doch weniger aktive Ansitze.

> **›TIPP**
>
> *Im Winter liefern Schneehemd oder Schneeanzug gute Dienste. Es ist erstaunlich, wie einfach und unbeachtet man sich auf freiem verschneiten Feld einem äsenden Sprung Rehe auch in aufrechter Haltung (unter Beachtung des Windes!) nähern kann.*

Ankriechen

Auf „allen vieren" an Wild heranzukriechen, ist nicht jedermanns Sache und hängt auch von der körperlichen Konstitution des einzelnen Jägers ab. Es ist aber nicht so anstrengend, wie landläufig angenommen wird, besonders bei der Rehwildbejagung verhältnismäßig einfach und mit etwas Geschick auch meistens erfolgreich.

Rehwild hält den kriechenden Menschen erstaunlich gut aus, während es den geduckt heranschleichenden Zweibeiner eher als akute Gefahr „durchschaut". Jedenfalls habe ich in deckungslosem Gelände auf diese Weise viele Rehe erfolgreich angerobbt.

>INFO

Jagen mit dem „Wisch"

Ein sogenannter Wisch ist ein nützliches Utensil, um an Wild weitgehend unbemerkt heranzukommen. Der Ausdruck stammt von unseren Vorfahren. Die Jagd mit dem Wisch, früher häufig gebräuchlich, ist heute leider fast in Vergessenheit geraten: Man halte einen dicht belaubten oder benadelten Zweig vor sich und krieche bedächtig auf das Wild zu. Wenn man sich behutsam bewegt, wird das Wild kaum von dem sich langsam nähernden Busch Notiz nehmen.

Gewöhnlich kriechen Jäger das Wild auf dem Bauch und auf allen vieren an. Um in dieser Position die Außenseite der Finger der geschlossenen Hände, die den Körper abstützen und das Gewehr umschließen, durch spitze Steine, Dornen oder Splitter nicht zu verletzen, wickle ich Mütze, Schal oder Taschentuch um Finger und Handflächen.

Normalerweise rutsche ich auf dem Gesäß sitzend – das Gewehr in der Oberschenkelbeuge – dem Wild entgegen (s. S. 161). Dabei darf man das Ziel niemals aus den Augen lassen. Wirft das Stück auf, lege ich mich vorsichtig auf den Rücken und werde praktisch „unsichtbar".

Die Blattjagd

In vielen europäischen Ländern ist die Jagd während der Paarungszeit des Wildes verpönt oder verboten. In Deutschland hat sie bei bestimmten Wildarten jedoch einen hohen Stellenwert. Besonders Rehböcke werden in der Brunft bejagt.

Für mich ist die Jagd auf den roten Bock während der Blattzeit, der zweiten Hälfte der Rehbrunft, wenn suchende Böcke in Ermangelung noch brunftiger Ricken besonders bereitwillig aufs Blatt springen, ein Höhepunkt. Dann kann man dem Rehbock eine brunftige Ricke vortäuschen, indem man einen ihrer Fieptöne mithilfe eines Blattes, Grashalmes oder einer künstlichen Blatte nachahmt und somit den „liebeshungrigen" Bock zum Zustehen veranlasst.

Blattinstrumente

Ich bevorzuge für das Blatten frische, möglichst im Schatten gewachsene Buchen- oder Fliederblätter. Dem Anfänger sind künstliche Blattinstrumente zu empfehlen, die mit entsprechenden Gebrauchsanweisungen im Fachhandel in vielen verschiedenen Variationen erhältlich sind. Um die unterschiedlichen Fieplaute des Rehwildes naturgetreu nachahmen zu können, sollte man sie vorher in der Natur möglichst oft gehört haben.

Danach heißt es üben, üben und nochmals üben (aber nicht im Revier!), bis der richtige Ton in der richtigen Reihenfolge und gewünschten Tonlage auf Anhieb sitzt.

Blatten wann?

Wenn Anfang August die ersten Ricken beschlagen sind und die Böcke auf der Suche nach weiteren brunftigen Ricken umherziehen, ist die günstigste Zeit zum Blatten.

Die Rehbrunft ist die hohe Zeit der Blattjagd. Steht ein Bock aber bei einer brunftigen Ricke, wird er sich kaum locken lassen.

Herrscht allerdings Vollmond, spielt sich ein Großteil der Brunft nachts ab und man sieht tagsüber kaum einen Bock treiben. Bei Vollmond verzichte ich während der Blattzeit darauf, morgens rauszugehen, wohingegen ich bei Neumond bei Anbruch des Tages stets vielmehr Anblick hatte.

Mitentscheidend für die Neigung zum Springen ist das Geschlechterverhältnis. Stehen in der Umgebung erheblich mehr Ricken und Schmalrehe als Böcke, sind Letztere gut beschäftigt und versorgt. Sie springen nur ausnahmsweise einmal kaum aufs Blatt, weil überall im Revier Brunftwitterung steht. Das sagt schon der Waidspruch:

„So entspricht's dem Hegezwecke:
So viel Geißen, so viel Böcke."

Wer also viele Böcke aufs Blatt springen sehen möchte, sollte vorher nicht zu viele erlegen ...

>INFO

Die wichtigsten Blattjagdregeln

Nachstehende Punkte müssen bei der Blattjagd beherzigt werden:

- *Immer gegen den Wind, nie mit Nackenwind blatten;*
- *stets versuchen, den Bock aus dem „Hellen" (Freifläche, Wiese, Feld) ins „Dunkle" (Wald) zu locken und nicht umgekehrt. Keinesfalls darf sich der Jäger beim Blatten im Sonnenlicht befinden;*
- *nie einem abspringenden Bock „nachblatten", da er wahrscheinlich den Menschen erkannt hat und zukünftig „verblattet" wäre, also nicht mehr springen würde;*
- *steht ein weibliches Stück zu, bewegungslos verharren, oft erscheint kurze Zeit später auch der Bock;*
- *springt der Bock nicht auf die Blatttöne, mit dem zarten Kitzfiep versuchen, die bei ihm stehende Ricke heranzulocken – sie zieht den Bock häufig mit. Selbst treibende Böcke kann man mit dem Kitzfiep überlisten. Es ist nämlich nicht der Bock, der treibt, sondern die Ricke zieht ihn hinter sich her. Der Ausdruck „Der Bock treibt" ist nicht korrekt;*
- *der Bock springt zu jeder Tageszeit und bei jeder Witterung, wenn er sucht, die Fieptöne vernimmt und der Jäger alle Regeln beachtet hat.*

Blatten wie?

An windstillen warmen Tagen wird man erfolgreicher blatten als bei stürmischem regnerischem Wetter, wenn das Fiepen nur auf kurze Entfernung zu hören ist. So sagt auch der alte Spruch: „Den Bock verwirrt der Sonne Glut“, weil man an solchen Tagen die Locktöne weiter hört als bei Regen, Wind oder Nebel.

Der Blattstand ist so zu wählen, dass man sich bei günstigem Wind, guter Sicht und freiem Schussfeld nach den Seiten hin etwa 80 bis 100 Gänge vom Einstand des Rehwildes postiert.

Nach mindestens fünf Minuten Wartezeit beginnt man dann, das Gewehr schussbereit, erst leise zu fiepen, da man nie weiß, in welcher Entfernung der gesuchte Bock steht. Dabei muss sich der Jäger vollkommen regungslos verhalten, da das Rehwild auch die kleinste Bewegung auf größere Entfernung wahrnimmt. Erscheint der Bock nach zehn Minuten nicht, lässt man die zweite Blattarie lauter, fordernder erklingen, und dann, nach weiteren erfolglosen fünf Minuten, die dritte.

Ist der Bock auch jetzt noch nicht gesprungen, verharrt man weitere zehn Minuten auf dem Stand, da manche Böcke sich sehr viel Zeit lassen, oft verhoffen, sichern und sich gegen den Wind im Bogen „anschleichen“, während andere wie der Blitz beim ersten Fiepton zustehen.

Ansitzjagd mit Anrühren

An Dickungsrändern, Wegen oder breiten Schneisen kommt angerührtes Rehwild meistens flüchtig oder im scharfen Troll. In dunkleren Beständen fühlt es sich sicherer und zieht vertraut.

Kennt man die gewohnten Wechsel, stellt man sich dort an, während ein Helfer die bestätigten Stücke „anrührt“ und aus ihrem Einstand drückt. Geht der „Anrührer“ behutsam vor und nimmt sich ausreichend Zeit, kommt das Wild dem vorstehenden Jäger vertraut. Der hat zuvor einen geeigneten Stand in guter Deckung mit guten Möglichkeiten zum Ansprechen bezogen und sich in Ruhe auf den Schuss mit entsprechender Auflage oder Anstreichmöglichkeit vorbereitet.

Erfolgreich wann und wie

Besonders bei Frost verspricht diese Jagdart Erfolg. Das Wild ist auf gefrorenem Boden besser zu hören, lange bevor es erscheint. Trotzdem ist es ratsam, beim leisesten Geräusch in Anschlag zu gehen und möglichst durch das Zielfernrohr anzusprechen, damit keine kostbare Zeit verloren geht.

Wird Rehwild zu ungestüm aus dem Einstand gedrückt, sucht es den nächsten Weg zur Deckung. Dabei wird es ein vorgelagertes Waldstück oder eine eingesprengte Buschgruppe nutzen und die Flucht über freie Flächen vermeiden.

Der Gemeinschaftsansitz mit Beunruhigung verspricht vor allem bei winterlichen Minusgraden Erfolg: Anwechselndes Rehwild ist frühzeitig zu hören.

Mit Hund

Wenn im Herbst oder Winter der Rickenabschuss drängt oder noch ein Stück für die Küche benötigt wird, sich aber tagelang kein Reh blicken lässt, lasse ich am späten Nachmittag oder frühen Abend den Hund in bevorzugten Einständen suchen. Das Rehwild flüchtet meistens nicht weit, sondern drückt sich heimlich fort, oft bemerke ich es dabei gar nicht.

Nehme ich den Hund anschließend an den Riemen und es herrscht wieder Ruhe, kommen die Rehe meist schon bald vertraut zu ihrem Einstand zurückgewechselt. Dann kann man sie bei gutem Wind erwarten, ansprechen und bequem erlegen.

›TIPP

Gesellschaftsjagden mit Beunruhigung des Rehwildes verbieten sich selbstverständlich bei hoher Schneelage oder in der Notzeit und sollten nur mit nicht weit jagenden und möglichst langsamen Hunden (Dackel) betrieben werden.

Drückjagd

Die Drückjagd soll das Wild vertraut vor die weiträumig abgestellten Schützen bringen, eine möglichst große Strecke erzielen und in jedem Revierteil höchstens einmal jährlich ausgeübt werden. In Revieren mit hohem Laubholzanteil sollten diese Jagden erst nach dem Laubfall durchgeführt werden.

Auswahl der Schützenstände

Bei Drückjagden gehört es zur Aufgabe des Jagdleiters, die Stände auszusuchen und die Schützen einzuweisen. Er kennt die geeigneten Örtlichkeiten, die Sicherheit für Schützen, Helfer, Hunde oder Waldbesucher am besten gewährleisten.

Schneisen zwischen zwei Dickungskomplexen sind für einen Drückjagdstand wenig geeignet, da angerührtes Wild sie eher flüchtig überfällt. Auch über freie Flächen kommt es meistens flüchtig, in Beständen dagegen wieder langsam.

Die Schützenstände sollten nicht zu nahe an den Einständen, sondern besser an bekannten Fernwechseln platziert werden. Die Hundeführer werden allerdings nahe der Einstände eingewiesen. Dort halten sie mit ihren vierläufigen Helfern Kontakt, rüden sie an und neh-

Über eine durchdachte Auswahl der Schützenstände ist sicherzustellen, dass das Rehwild trotz Beunruhigung nicht zu flüchtig anwechselt.

>TIPP

Die Drückjagdstände müssen, bis man den optimalen Platz gefunden hat, des Öfteren umgestellt werden. Sie gehören in ausreichende Entfernung zu den Einständen und sollten möglichst ins „Dunkle" platziert werden, wo das Rehwild wieder vertrauter wird, sich orientiert oder gar verhofft. Wege und offene Schneisen sind ungeeignet: Nirgendwo ist das Wild so schnell wie beim Überfallen deckungsfreier Linien!

men sie am Ende der Jagd wieder an den Riemen.

Rehwild lässt sich nicht lange in ein und dieselbe Richtung treiben oder drücken. Auch das Hinausdrücken aus den Einständen gelingt nicht immer. Rehe sind „Kurzflüchter". Oft ziehen sie schon kurze Zeit, nachdem sie beunruhigt oder aus ihrem Einstand gedrückt wurden, wieder dorthin zurück. Deshalb die Devise: großräumig abstellen und drücken. So ist gewährleistet, dass viele Einstände beunruhigt werden und das Wild länger auf den Läufen ist. Die genaue Kenntnis des Verhaltens der Rehe, insbesondere ihrer gewohnten Fluchtwechsel, ist für den Erfolg der Drückjagd ausschlaggebend. In den bekannten Fluchträumen stehen die Schützen im Bestand an. Anstellen auf Wegen ist nicht ratsam, weil das Wild dort durch Begegnungen mit Menschen besonders vorsichtig oder misstrauisch reagiert.

Rehwild darf in Deutschland nur mit der Kugel geschossen werden. Deshalb ist die Sicherheit ein weiterer Grund, möglichst großräumig, mindestens über 40 bis 50 ha zu „treiben".

Auf dem Schützenstand

Nach dem Anblasen des Treibens oder nach vereinbarter Uhrzeit muss sich der Schütze auf dem Hochsitz, im Schirm frei auf der Erde sitzend oder stehend, mucksmäuschenstill verhalten. Auch wenn er meint, es sei genügend Deckung vorhanden, gilt es eiserne Ruhe zu bewahren, um das Wild mit wachen Sinnen möglichst früh zu bemerken, bevor er selbst wahrgenommen wird. Schon vorher sollte man Zweige oder andere Hindernisse für ein freies Schussfeld lautlos beseitigen sowie den Erdboden des Standes von Laub und Ästen befreien, um ein Rascheln oder Knacken zu vermeiden.

Hundeeinsatz

Rehe „sichtbar zu machen" ist schwierig. Der beste Jagdhelfer ist der Hund, sofern er gut mit Jägern und Treibern (auf Letzte kann auch mal verzichtet werden) zusammenarbeitet.

Auf der Bewegungsjagd benötigt man gut ausgebildete Spur- oder zumindest fährtenlaute Stöberhunde. Sie sollen die Rehfährte stets sicher, laut und konsequent arbeiten. Stumm jagende Hunde sind nicht brauchbar. Die Position laut jagender Hunde ist für das Wild berechenbar, es stellt sich geschickt auf seinen Verfolger ein, gerät nicht in Panik, sondern kommt den Schützen meistens vertraut vor die Büchse.

Die Hunde sollen kurzjagend und möglichst bogenrein sein, damit sie das Streifgebiet nicht verlassen. Besonders geeignet sind Teckel, Wachtel und Jagdspaniel, aber auch Terrier und Bracken. Hochläufige passionierte Vorstehhunde sind für diese Jagdart nicht zu empfehlen. Sie sind zu schnell, und es besteht die Gefahr, dass sie nach kurzer Hetze ein Stück stellen und niederziehen. Auch können sie bei der Hetze den Familienverband Ricke und Kitz sprengen und die führende Ricke in Gefahr bringen, versehentlich erlegt zu werden

Es genügt, ein oder zwei Hunde zu schnallen und mit ihnen ruhig durch den Bestand zu gehen. Lautes Klopfen an die Bäume und Schreien, wie bei anderen Niederwildjagden üblich, sollte beim Rehdrücken unterbleiben, damit Rehe nicht in panischer Flucht davonrasen oder sich drücken. Bei stärkerem Wind sollten sich die Hundeführer dem Wild allerdings schon durch gelegentliches Husten, Räuspern oder Ähnliches bemerkbar machen.

Wenn die Schützen dann auch sicher ansprechen und schießen, ist dies eine zeitgemäße und erfolgreiche Jagdart, und man kann sich über gute Strecken freuen.

Übung macht den Meister

Ist eine Drückjagd nicht erfolgreich, sollte man nicht die „Flinte ins Korn werfen", denn erst Übung und die Summe der gesammelten Erfahrungen machen auch hier den Meister.

Auch auf Drückjagden zeigt sich, wie lernfähig Rehe sind. Lässt sich beim ersten Drücken das Rehwild noch verhältnismäßig leicht zu den Schützen dirigieren, so wird es von Jagd zu Jagd schwieriger, es vor die vorstehenden Jäger zu bringen. Die Rehe weichen den Treibern in der Dickung aus, orientieren sich Wind holend am Dickungsrand, treten zurück oder drücken sich. Nun könnte man fälschlicherweise glauben, durch die Drückjagden sei das Rehwild ausgerottet, aber das ist in aller Regel nicht der Fall.

Zur Beunruhigung des Rehwildes eingesetzte Hunde müssen spurlaut und möglichst bogenrein jagen und sollten nicht zu schnell sein.

Rehwildbejagung im Jahreslauf

Das Jagen ist eine der menschlichen Tätigkeiten, die sehr eng mit dem Rhythmus der Jahreszeiten, dem Wachsen und Vergehen des immer wiederkehrenden Naturzyklus verbunden sind. Neben Tätigkeiten im Jagdbetrieb, wie Ansitzeinrichtungen bauen, Pirschsteige säubern etc., ändern sich die Ansprüche, die die Jagd an den Jäger stellt, im Jahreslauf mit dem sich wandelnden Verhalten des Wildes. So verhält sich Rehwild in jeder Jahreszeit, ja in jedem Monat anders. Dem ist bei der Hege, bei der Beobachtung und bei der Bejagung Rechnung zu tragen.

Im Sommerhalbjahr

Mai

Nachdem das Rehwild gut durch den Winter gebracht wurde, beginnt nun die „Hege mit der Büchse“. Schwerpunkt-

Ende Mai, Anfang Juni werden die Kitze gesetzt. Ohne geeignete Vorkehrungs- bzw. Schutzmaßnahmen drohen jetzt Verluste durch Mähmaschinen.

mäßig sind bei von Bundesland zu Bundesland unterschiedlichen Schonzeitregelungen Jährlinge und Schmalrehe zu erlegen. Bei den Schmalrehen gilt es besonders vorsichtig zu sein.

Das Ansprechen ist noch verhältnismäßig einfach, und die Vegetation ist noch nicht so weit entwickelt, dass sie den Rehen vollkommene Deckung bietet und sie „unsichtbar" macht. Einen „falschen" Jährling auf der Strecke verschmerzt das Revier schneller als einen mittelalten Bock (da ein Jährling bereits im nächsten Jahr wieder nachwächst).

Der Wettlauf mit dem Wachstum des Grases beginnt: Wenn es höher gewachsen ist, kann man die Rehe oft nicht mehr darin sehen.

Ab Juni wird es weitaus schwieriger, Jährlinge zu erlegen. Es gilt, von den Landwirten früh genug zu erfahren, welche Wiesen zur Mahd anstehen.

Um Verluste bei Kitzen durch die Mähmaschinen zu verhindern, haben sich bunte Luftballons bewährt: Sie werden rechtzeitig am Abend vor der anstehenden Mahd an Grasbüschel gebunden, über die Wiese verteilt, wehen beim leisesten Lufthauch hin und her und sorgen für Unruhe, zumal wenn ab und zu einer der bunten Bälle mit lautem Knall zerplatzt. Die Ricken führen dann ihren Nachwuchs aus den gefährdeten Gebieten hinaus.

Juni

Es gilt, die Aktivität des Rehwildes auszunutzen und jetzt sinnvoll zu „ernten". Jährlinge sowie schwache Böcke sind zu bejagen, sofern eine Selektion noch möglich ist. Starke Jährlinge können sich in den durch Abschuss schwacher mehrjähriger Böcke frei gewordenen Territorien, sogenannten Nischen, manifestieren. Diese Jährlinge sollten geschont werden.

Anfang Juni werden noch viele Kitze gesetzt. Die Ricken sind im Juni stark von ihrem Nachwuchs beansprucht und schlagen schon vor dem Setzen Schmalrehe und Jährlingsböcke ab, die bisher bei ihnen gestanden haben und einen Familienverband bildeten. Letztere suchen nun nach neuen Einständen, sind auch tagsüber viel auf den Läufen, oft zu beobachten und verhältnismäßig leichter zu erlegen. Bis Mitte Juni machen sich viele junge Böcke heimlich, sprich „unsichtbar", um der Aggressivität alter starker Territorialböcke auszuweichen. Jährlinge und Schmalrehe stehen jetzt oft zu mehreren in sogenannten „Jährlingsecken" des Reviers.

Reife Böcke werden nun immer heimlicher, bewegen sich kaum noch und sammeln schon Energie für die Brunft.

Bis Mitte Juli sollte Jagdruhe herrschen, die „Unsichtbarkeit" der Böcke nimmt bis zur Blattzeit ohnehin weiter zu.

Zur Brunft erscheinen alte Böcke im Revier, die bis dahin niemand gesehen hat.

Juli

Das Rehwild steht jetzt in hoher Deckung. Alte Böcke halten bis zur Brunft mitunter fast auf die Minute genau ihre Äsungszeiten ein.

Ab etwa dem 20. Juli beginnt die Brunft des Rehwildes und damit die Jagd auf reife Böcke. Diese suchen nun in ihren Territorien nach brunftigen Ricken. Sind irgendwann die weiblichen Stücke im eigenen „Herrschaftsbereich" beschlagen, „wildern" die Böcke ab etwa Anfang August auch in „fremden Revieren", suchen dort also nach brunftigen Ricken, wandern dabei manchmal weit umher und führen nun ein eher unstetes Leben.

Jetzt beginnt die eigentliche Blattzeit, die hohe Zeit des Rehbockjägers. Der Blatter wird immer nur sparsam und überlegt benutzt! Heimliche Böcke sieht man jetzt oft auch zwischen 11 und 13 Uhr, wenn sie in ihrer „dummen Stunde" umherbummeln.

August

Die Blattjagd kann noch bis Mitte des Monats erfolgreich sein, danach werden die Böcke wieder heimlich.

Vorsicht beim Abschuss von Knopfböcken! Nur wenn die Knöpfe blank gefegt sind, handelt es sich nicht um ein starkes Bockkitz. Bockkitze fegen ihre bis zu mehrere Zentimeter hohen Erstlingsstangen erst frühestens Ende November.

Im Herbst und im Winter

September

In den ersten Septemberwochen ist das weibliche Rehwild noch sehr aktiv, was den Abschuss erleichtert. Mit Beginn der Jagd auf weibliches Rehwild sollte der Bockabschuss erfüllt sein.

Beim Kitzabschuss gilt: „Zahl vor Wahl." Auch wenn die Kitze vor dem Haarwechsel noch sehr schwach erscheinen, beträgt der Gewichtsunterschied bis zum Dezember meistens nicht mehr als ein Kilogramm.

Führt eine Ricke ein schwaches Kitz, sind beide Stücke zu erlegen. Stehen zwei gute Kitze bei einer schwachen Ricke, sind alle drei zu schonen.

Von gleich starken Zwillings- oder gar Drillingskitzen kann man eins oder zwei erlegen. Da die Ricke bis in den Oktober säugt, profitiert das verbleibende Kitz, da es die Milch nicht zu teilen braucht. Bei unterschiedlich starken Kitzen ist stets zuerst das schwächere zu schießen, ob männlich oder weiblich, ist egal.

Grundsätzlich gilt beim Abschuss des weiblichen Rehwildes immer: Kitz vor Ricke. In Waldrevieren mit hohem Dickungsanteil und wenig Freiflächen kann es ausnahmsweise auch einmal ratsam sein, zuerst die Ricke zu erlegen, wenn man Ricke und Kitz strecken möchte. Normalerweise verhofft das Kitz nach dem Schuss. Springt es dennoch vorzeitig ab, bleibt es in der Nähe, sodass man es wiedererkennen und in den nächsten Tagen erlegen kann. Machen Ricken nämlich „schlechte Erfahrungen“, indem sie ihr Kitz durch den Jäger verlieren, werden sie für geraume Zeit heimlich, lassen sich nicht blicken und sind später nicht wiederzuerkennen.

Oktober

Eine alte Jägerweisheit lautet: „Ende Oktober rot – Tod!“, denn lediglich alte oder kranke Stücke haben jetzt noch nicht verfärbt und sind deshalb verhältnismäßig sicher anzusprechen.

Noch ist Rehwild häufiger auf den Läufen als in den bevorstehenden

Ob Bock- oder Rickenkitz, ist zweitrangig, das schwächere muss gestreckt werden. Idealerweise wird meistens ein gesamter Familienverband erlegt.

Wintermonaten. Jetzt haben Rehe das größte Pansenvolumen, da sie für den Winter Feistreserven bilden müssen. Die Nahrungsaufnahme verteilt sich noch auf täglich zehn bis zwölf Äsungsperioden, die später dann allmählich weniger werden. Diese Zeit der noch recht hohen Aktivität sollte der Jäger ausgiebig nutzen, um den restlichen Abschuss zu erfüllen, sodass dann langsam Ruhe im Revier eintreten kann.

Jagd auf Schmalrehe, auf nicht führende Ricken und auf schwache Kitze ist geboten, wenn der Abschuss noch nicht erfüllt ist. Das geringe Gewicht der Kitze darf kein Abschusshinderungsgrund sein. Mit dem schwachen Kitz sollte man auch die führende Ricke erlegen, da sie, wenn geschont, im nächsten Jahr voraussichtlich wieder schwachen Nachwuchs setzen wird.

An Wildäckern oder anderen für Wild angelegten Äsungsflächen ist Ruhe zu halten. Hier ruht die Jagd!

November

Mit abnehmendem Tageslicht und weniger Sonne sinken die Aktivitäten des Rehwildes, in diesem Monat ist es aber noch recht aktiv. Im Flachland ist das Wetter noch nicht zu rau und vor allem in Mastjahren findet sich auch noch Äsung. In Einzelfällen kommt es vielleicht noch zu einer Nachbrunft.

Ist der Abschuss noch nicht erfüllt, bietet sich in großen Waldrevieren in Absprache mit den Nachbarn eine Ansitzjagd mit mehreren Schützen oder eine Drück- bzw. Stöberjagd an. Im November erreichen gesunde Ricken und Schmalrehe ihr „Gewichtsoptimum".

Dezember

Während Rehe im September/Oktober noch sieben bis acht Stunden täglich äsen, wird jetzt der Energiehaushalt extrem eingeschränkt – das Pansenvolumen hat sich um ungefähr 30 % verkleinert. Deutlich weniger Zeit als im Sommerhalbjahr wird jetzt aufs Äsen verwendet.

Wegen ihres höheren Schlafbedarfes lassen sich die Rehe an den immer kürzeren Tagen kaum noch blicken. Die fehlende Deckung lässt sie vorsichtig werden und die vielen Herbstjagden haben sie verschreckt.

Januar

Man lasse dem Rehwild Ruhe, um dessen Stoffwechselhaushalt nicht unnötig zu aktivieren, und schieße nur noch kümmernde oder auffallend schwache Stücke.

Nicht zuletzt aus Gründen des Tierschutzes sollte der Rickenabschuss vor Beginn der Notzeit erfüllt sein.

Rund um die Erlegung

Der Schuss auf Rehwild

„Erfülle das höchste Gebot der Waidgerechtigkeit und töte Wild schnell und schmerzlos!“ Der Schütze muss mit Selbstdisziplin ein ihm gut liegendes, geeignetes Gewehr sicher führen und beherrschen. Bevor er auf Wild schießt, muss er sich auf dem Schießstand die nötige (Treff-)Sicherheit antrainieren.

Anleitung zum ruhigen Schießen

Die eigene Schussleistung sowie die seiner Waffe ist regelmäßig zu überprüfen, egal für welche Wildart, ob für den Schrot- und Büchsenschuss. Der Schütze muss sich vor dem Schuss den Platz, an dem das Stück steht, und dessen Umgebung genau einprägen, beim Schuss durchs Feuer sehen, sich den Anschussbereich, also die Stelle, an der das Stück die Kugel bekam, gut merken und das Zeichnen des beschossenen Wildes erkennen. Grundsätzlich ist sofort nachzuladen und auf Geräusche des abgehenden Wildes zu achten.

Angestrichen oder aufgelegt schießt man sicherer. Wer sein Gewehr weiter als 15 cm vor dem Abzugsbügel auflegt, muss mit einem Hochprellen der Waffe und entsprechendem Hochschuss rechnen. Man muss aber auch den freihändigen Schuss üben. Nicht nur auf der Drückjagd, auch bei der Nachsuche sollte man ihn beherrschen.

Das „Bockzittern“ kennt wohl jeder Jäger ...

Vom Jagdfieber geschüttelt ...

Es ist nur zu natürlich, dass der Jäger vom Jagdfieber ergriffen wird, wenn er sich entschlossen hat, ein Stück Wild zu erlegen, und dann sehr erregt ist. Die Konzentration auf den Schuss strengt an, der Atem geht schwer, Herz oder Puls schlagen schneller. Das Jagdfieber unterscheidet den Waidmann von einem kaltblütigen Schießer.

Dieses Fieber muss erst abklingen, um ein sicheres Abkommen und ein Beobachten von Schusszeichen zu ermöglichen. Man sollte in einer solchen Situation warten, so lange tief durchatmen, bis sich Körper und Kreislauf beruhigt haben und ein sicherer Schuss möglich wird.

„Mucken"

Manche Schützen wirken unbeabsichtigt dem erwarteten Rückstoß der Waffe aus Furcht vor dem Knall entgegen und schieben, kurz bevor sie abdrücken, die Büchse nach vorn und unten.

>TIPP

Ein festerer Sitz des Gewehrs in der Schulter und ein sichereres Abkommen beim Freihandschießen sind auch dadurch zu erreichen, dass man den (nicht zu langen) Gewehrriemen einmal um die Hand wickelt

Mit dem Jagdstock oder einem starken Ast als Gewehrauflage lässt sich der Schuss stabilisieren, aber auch mit dem Gewehr- oder Fernglasriemen.

Ruhiges Schießen, ohne zu „mucken", das heißt, ohne beim Abrücken aus Furcht die Augen zu schließen, kann geübt werden, indem man auf den Gewehrlauf eine Münze legt, „trocken" schießt, also ohne Patrone im Lauf zielt und den Abzug betätigt. Fällt die Münze hinunter, gilt es so lange zu üben, bis sie auf dem Lauf liegen bleibt. Also: so ruhig und konzentriert abdrücken, dass nichts mehr verwackelt!

Anschlaghilfen

Ein Trick hilft, auch ohne Anstreichen sauber zu schießen. Man führt (bei

Rechtsschützen) den linken Ellenbogen durch den Trageriemen des umgehängten Fernglases und stützt ihn auf den beiden Okularen ab. Der Trageriemen, von den Muskeln im Genick gehalten, bildet dann quasi ein auf dem Kopf stehendes Stativ mit dem Glas als Auflagefläche. Während des Zielens liegt das Gewicht der Waffe auf dem Fernglas, und der Anschlag ist stabil. Vorher sollte man den Fernglasriemen auf die entsprechende Länge bringen und die richtige Handhabung einüben.

Man kann auch den Jagdstock mit der Krücke fest in die Jacken- oder Hosentasche stecken und dann Stock und Lauf mit der Hand umfassen. Mit dieser Methode lassen sich auch ein schweres Fernglas oder Spektiv lange „zitterfrei" halten.

Entfernungen

Neben der Kenntnis ballistischer Geschossdaten muss man auch im Schätzen von Entfernungen sicher sein. Auf großen freien Feldern oder an langen Schneisen verschätzt man sich dabei leicht. Deshalb sollte man sich vor dem Ansitz einige markante Punkte im Gelände merken, die sich leicht ins Gedächtnis einprägen und bestimmte Entfernungen vermitteln.

Vorsicht bei Schüssen auf Wild in hohem Bewuchs! Oft übersieht der Schütze einzelne Halme oder kleine Zweige in der Flugbahn des Geschosses, es wird abgelenkt, zerlegt sich, und ein Fehl- oder Krankschuss ist die Folge.

Schätzhilfe Zielfernrohr: Passt das Reh genau zwischen die Querbalken von Absehen 1, ist es 100 m entfernt.

Hilfsmittel Zielfernrohr

Beim Absehen 1 eines Zielfernrohrs gilt als Anhaltspunkt: Füllt ein breit stehender Rehbock den Zwischenraum der Querbalken aus, ist er ungefähr 100 m entfernt. Diese Schussdistanz sollte nicht wesentlich überschritten werden. Weitere Schüsse auf Rehwild müssen immer die Ausnahme bleiben, um die Jagd nicht zu einem rein technischen Tötungsakt werden zu lassen.

Hilfsmittel Geländemarken

Noch einfacher ist es, die Entfernungen aus der Revierkarte abzunehmen und auf das Gelände zu übertragen. Der Revierinhaber kennt jagdliche und landschaftliche Gegebenheiten in seiner Jagd, seine Gäste nicht immer. Für sie ist es hilfreich, in bestimmten Abständen (50 m, 100 m, 150 m) von Kanzeln, Leitern oder Schirmen unauffällige Markierungen anzubringen. Das hilft reinen Waldjägern, die kaum im Feld jagen, und umgekehrt denjenigen, die weite Feld-reviere haben und denen Waldreviere vergleichsweise fremd sind.

Als Markierung können Salzlecken, Mahlbäume, Nistkästen, markante Bäume, auffällige Büsche, Suhlen oder kleine weiße Stäbe – in den Erdboden eingeschlagen – dienen.

Im Gebirge

Ein alter Leitspruch heißt: „Bergauf und bergunter, immer halt drunter!" Das gilt auch heute noch beim Winkelschuss steil bergauf oder bergab.

Der schnellere Flug infolge des geringeren Widerstandes der dünneren Luft und die gleichzeitig nachlassende Erdanziehungskraft verändern und strecken die Flugbahn des Geschosses. Die Kugel weicht von der Treffpunktlage in der Ebene ab, und es entsteht leicht ein erheblicher Hochschuss. Deswegen muss man in beiden Fällen das Ziel kürzer anfassen, im Visier gleichsam aufsitzen lassen.

Schuss und Sitz der Kugel

Sicherheit

Vor dem Schuss muss sichergestellt sein, dass hinter dem Wild ein Kugelfang vorhanden ist. Das ist auch beim Schuss vom Hochsitz aus nicht immer gegeben, erst recht nicht, wenn man vom Erdboden aus schießt. Ein sicherer Kugelfang ist immer nur der „gewachsene Boden", niemals aber sind es Bäume oder gar Felsen!

Stellung des Stücks

Geschossen wird erst,

- wenn das Stück breit steht, weil es dann das größte Ziel bietet und am sichersten getroffen werden kann;
- wenn das Stück das Haupt nicht zum Äsen nahe am Erdboden hält, weil sich sonst bei einer Flucht die Decke über Ein- und Ausschuss schiebt, Schweiß nur begrenzt austreten kann und eine mögliche Nachsuche erschwert wird.

Anschuss merken, „durchs Feuer sehen"

Da auch bei guten Treffern das beschossene Wild nicht immer im Feuer liegt, muss man sich den Standort des Stücks kurz bevor, während und direkt nach Schussabgabe genau einprägen.

Beim Schießen muss der Jäger unbedingt „durchs Feuer" sehen, um Schusszeichen wahrzunehmen!

Ideal – Kammer- oder Blattschuss

Der Schuss muss so angebracht werden, dass er einerseits schnell und schmerzlos tötet, zum anderen wenig Wildbret zerstört. Daher ist ein Kammerschuss anzustreben, also ein Treffer durch den Brustkorb, um lebensnotwendige, mit Atmung und Blutkreislauf in Zusammenhang stehende Organe, wie Herz und Lunge, aber auch Hauptblutgefäße und Nervenstränge zu zerstören.

Der Ausdruck „Blattschuss" bezog sich ursprünglich nicht auf „Schulterblatt" oder „Blattschaufel" des Wildes, sondern auf frühere Schießwettbewerbe. Dort wurde die Scheibe mit einem Blatt bedeckt. Traf dies der Schütze, hatte er einen „Blattschuss" angebracht.

Der Blattschuss im jagdpraktischen Sinn sitzt nicht auf dem Schulterblatt, sondern eine Handbreit dahinter. Er ist der sicherste und wildbretschonendste, auch wenn beim Ein- und Ausschuss drei oder vier Rippen zerstört werden – unabhängig von Kaliber, Laborierung oder Geschoss. Ob mit 6- oder 8-mm-Geschoss, mit acht oder zwölf Gramm Geschossgewicht geschossen wird, ob das Geschoss

Nicht auf der Blattschaufel, sondern eine Handbreit dahinter sitzt der ideale Blattschuss. Zu Beginn der Jagdzeit sollte diese alte Ricke ihn erhalten, wenn sie nicht führt.

eine Geschwindigkeit von 650 oder 950 m pro Sekunde hat, spielt keine Rolle und ändert nichts an der Schwere der Verletzung. Auch bei einem „gezirkelten" Blattschuss macht das Wild häufig noch einige Todesfluchten. Dennoch ist das Stück sicher getroffen und wird schnell verenden.

Träger oder Stich, spitz oder schräg

Ein Trägerschuss ist nur in Ausnahmefällen (Fangschuss) und auf geringe Distanz zu empfehlen, weil der Hals eines Rehs ein verhältnismäßig kleines Ziel bietet. Der Schuss auf den Stich, auf ein spitz stehendes Stück, wirkt sofort tödlich, wenn die Hauptschlagader getroffen ist, aber er ist ebenfalls nicht zu empfehlen. Besonders bei rasanten Geschossen wird das Wildbret sehr stark zerstört.

Beim Schuss spitz von vorn oder schräg von vorn oder hinten kommt es vor, dass das Geschoss nur unter der Decke wirkt und nicht in den Brustraum eindringt. Solche Stücke sind trotz einem vermeintlich guten Treffer auf der „10" der DJV-Scheibe nicht tödlich getroffen!

Der Kugelschlag

Neben dem Zeichnen kann der Kugelschlag, der mitunter unmittelbar nach Schussabgabe zu hören ist und der durch das Aufschlagen des Geschosses auf den Wildkörper entsteht, Aufschluss über den

Aufs Blatt gesprungen. Wer ihn jetzt allerdings spitz von vorn beschießt, nimmt Wildbretentwertung fahrlässig in Kauf ...

Sitz der Kugel geben. Je geringer das Kaliber und je höher die Geschossgeschwindigkeit, desto weniger ist er allerdings wahrzunehmen, und es bedarf einer gewissen Übung, ihn zu hören und richtig zu deuten.

Bei rasanten, also schnell fliegenden Geschossen ist er nur auf weite Distanz zu vernehmen, auf nahe Entfernung erfolgen Büchsenknall und Kugelschlag fast gleichzeitig.

Bei einem Knochenschuss klingt der Kugelschlag hell und hart. Ein Kammerschuss, der Treffer auf den mit Luft gefüllten Brustkorb, erzeugt einen klatschenden, ein Weidwundschuss einen dumpfen Kugelschlag.

Der Schrotschuss auf Rehe

Der Schrotschuss auf Rehwild, früher als „rauer Schuss" bezeichnet, wird seit vielen Jägergenerationen in Deutschland diskutiert. Er ist bei uns seit langer Zeit verboten. Es gibt zwar immer noch Befürworter, in weiten Kreisen ist er aber verpönt. Das liegt daran, dass man sich zur Abgabe eines Schrotschusses leider relativ „leicht" entschließt; man beschießt mitunter bedenkenlos einen Hasen oder Fasan auch dann, wenn der eine zu weit entfernt aufsteht oder der andere zu hoch abstreicht.

In Schweden und in der Schweiz beispielsweise werden zahlreiche Rehe mit Schrot geschossen. Ich schoss auf Drückjagden in diesen Ländern viel Rehwild – allerdings nie hochflüchtig – mit Schrotpatronen der Stärke zweieinhalb Millimeter. Alle Stücke lagen im Feuer, nie gab es eine Nachsuche. Bei einer Schussdistanz von über 20 m wird es allerdings problematisch.

Auch hier gilt: Es ist nicht der Schuss, der unwaidmännisch ist, sondern derjenige, der ihn abgibt! Und für den erfolgreichen „rauen Schuss" sind langjährige Erfahrung und absolute Disziplin unbedingt erforderlich.

>TIPP

Der Schrotschuss auf Rehe, egal, ob er nun positiv oder negativ bewertet wird, richtet mehr Schaden an als ein „Bleibatzen". Einzelne Schrote durchschlagen die um das Blatt gelegene weitere Muskulatur, Randschrote sitzen auf Keule oder Ziemer und bewirken kräftige Blutergüsse. Auch aus rein wildbrethygienischen Erwägungen ist der Schrotschuss deshalb abzulehnen.

Der Schuss auf krankes Wild

Ein krankes Stück Rehwild, sei es durch Schuss, Straßenverkehr, Krankheit oder andere Ursachen verletzt oder beeinträchtigt, ist aus Gründen des Tierschutzes so schnell wie möglich von seinen Leiden zu erlösen. Dabei wird man unter Umständen auch schlechte Treffer in Kauf nehmen, im Notfall also auch dann schießen müssen, wenn in einer solchen Situation nicht alle Grundsätze einer waidgerechten Jagdausübung (z. B. nur der Schuss auf breit stehendes Wild) eingehalten werden können.

Am Ende einer Nachsuche gibt nur der Hundeführer den Fangschuss, es sei denn, vorher wurde ausdrücklich etwas anderes vereinbart. Auch hierbei ist ein Blattschuss anzustreben.

Beim Schuss auf nahe Ziele wie beim Fangschuss entfernt man möglichst das Zielfernrohr und schießt besser über Kimme und Korn, um einen Tiefschuss infolge der Differenz zwischen Visierlinie und Geschossbahn beim Zielfernrohr zu vermeiden.

Eine Hauptregel gilt dabei immer: Um dem gestellten Stück Angst und Schrecken zu ersparen, sollte sich der Jäger immer gegen den Wind nähern und niemals von vorn und unmittelbar herantreten.

›TIPP

Wird ein krankes Stück Rehwild vom Hund gestellt und niedergezogen, ist es in der Regel mit dem Messer durch einen Stoß von der Seite in das Herz oder in die Lunge abzufangen. Damit das ohne unnötige Qualen für das Reh klappt, muss dies vorher an einem verendeten Stück geübt werden.

Unsere Straßen machen oft Nachsuchen erforderlich: Beim Fangschuss ist der Schuss über Kimme und Korn häufig die beste Lösung.

Nach dem Schuss

Verhalten des Jägers

Nach dem Schuss ist die Waffe aus Sicherheitsgründen sofort wieder nachzuladen und schnell in Anschlag zu bringen. Ob man ein zweites Stück strecken will, spielt keine Rolle. Auch wenn das beschossene Stück im Feuer liegt, kann man meistens nicht einwandfrei erkennen, ob es tatsächlich verendet ist.

Auf Zeichnen achten

Das erste Pirschzeichen, dass der Schütze sozusagen im Knall sieht und das im Fall einer Nachsuche große Bedeutung hat, ist das Zeichnen. Darunter versteht man die Bewegung, die das Wild in dem Augenblick macht, in dem es von der Kugel getroffen wird. Der Schütze wird das Zeichnen allerdings nur wahrnehmen, wenn er sich angewöhnt hat, ruhig „durch das Feuer zu sehen", also nicht zu „mucken", das heißt, im Moment der Schussabgabe die Augen zu schließen.

Schwerkranke Rehe tun sich nach dem Schuss ab, das heißt, sie trennen sich von den übrigen Stücken des Sprungs. Ausnahmen bilden die Kitze, die meistens versuchen, bei der Ricke zu bleiben, solange sie ihr noch folgen können.

>INFO

Schussposition markieren

Habe ich vom Erdboden aus geschossen, markiere ich während des Nachladens meinen Standplatz durch einen Kratzer mit dem Stiefelabsatz im Boden. Der genaue Platz der Schussabgabe ist wichtig, um später den Anschuss bestimmen zu können.

Angemessene Wartezeit

Auch wenn das beschossene Wild sichtbar liegt und verendet ist, sollte der Jäger nach dem Schuss mindestens fünf bis zehn Minuten warten, damit sich in der Nähe stehendes Wild wieder beruhigt und den Knall möglichst nicht mit dem Menschen oder der Reviereinrichtung verknüpft. Unter vergleichbaren Bedingungen verhitzt Rehwild nicht so schnell wie stärkere Wildarten, beispielsweise Schwarzwild. Nach Weichschüssen, Verenden in der prallen Sonne, langem Schlegeln oder auch im dichten Winterhaar verdirbt das Wildbret natürlich vergleichsweise rasch. Doch auch im Hochsommer und bei einem schlechten Schuss hat man immer noch genügend Zeit, bis man zum Anschuss geht.

Zeichnen – erster wichtiger Hinweis auf den Treffersitz: Der Bock ist im Beispiel hochblatt getroffen, flüchtet nach vorn und wird sehr wahrscheinlich nach wenigen Metern verenden.

Beispiel tiefer Leberschuss: Der Schuss wird mit „Aufschlagen" der Hinterläufe und anschließender Flucht quittiert. Nach zwei bis drei Stunden verendet das Stück meist im Wundbett.

Beispiel Vorderlaufschuss: Der Bock knickt mit dem getroffenen Lauf ein und geht stolpernd und mit schlenkerndem Lauf ab. Eine schwierige Nachsuche steht jetzt leider an!

Liegt das Reh nicht in Sichtweite, muss der Anschuss auffällig gekennzeichnet werden.

Anschuss markieren

Ist das beschossene Reh nicht in Sichtweite verendet, sodass eine Tot- oder Nachsuche notwendig wird, muss der Anschuss gefunden werden. Hat man dessen ungefähre Stelle gefunden, wird diese mit einem Bruch markiert.

Ein Kardinalfehler ist es, planlos den Anschuss zu suchen. Hierdurch werden eventuelle Pirschzeichen zerstört oder mit den Schuhen weitläufig verteilt, und somit später auch dem Hund die Nachsuchenarbeit erschwert.

Die Nachsuche

Krank werden lassen!

Verletztes Rehwild kann unglaublich zäh sein, und wenn der Jäger es zu früh aus dem Wundbett aufmüdet, wird es dem besten Hund schwerfallen, es einzuholen, zu stellen oder abzutun. Deswegen die Erfahrung: Man kann nicht lange genug warten, um die Nachsuche zu beginnen. Nur bei einwandfreien Laufschüssen und wenn ein schneller Hund unmittelbar zur Verfügung steht, kann es angebracht sein, diesen sofort zu schnallen. Rehwild lernt nach einem Laufschuss unglaublich schnell, sich auf drei Läufen zu bewegen. Schon um die Jahrhundertwende wurde folgender Waidspruch geprägt:

„Kann sein, dass dir der Schuss gelang,
wenn er das Stück im Rauch bezwang,
doch bleibe flink und sei gefasst,
solang du's nicht in Händen hast.
Wenn's aber auf der Kugel Schlag
dahingeht wie am Jüngsten Tag,
dann stolpert und zusammenbricht,
erweckt's ein Gott zum Leben nicht."

Pirschzeichen am Anschuss ...

Die Nachsuche beginnt mit der Untersuchung des Anschusses. Erkennt man keine Pirschzeichen – auf buntem Laub oder dunkler Nadelstreu muss auch das geübte Auge damit rechnen –, wird behutsam ein ausgebreitetes weißes Taschentuch über den Boden gezogen. Frischer (noch feuchter) Schweiß wird von dem trockenen Stoff aufgesogen und färbt ihn rot.

Meistens wird man zur Anschussuntersuchung auf allen vieren „arbeiten" müssen. Der Hund wird dabei in einiger Entfernung abgelegt, kann seinem Führer zuschauen und so auf seine bevorstehende Arbeit eingestimmt werden.

Es liegt zwar nicht immer Schweiß am Anschuss, aber bei einem Treffer sind immer – ich betone: immer! – Pirschzeichen vorhanden, auch wenn sie vom menschlichen Auge nicht wahrgenommen werden. Schnitthaare, Decken- oder Wildbretfetzen, Knochensplitter, Panseninhalt, Teile von Leber, Milz, Lunge oder dem kleinen Gescheide, Zähne oder deren Splitter. Alle diese Zeichen geben Aufschluss über den Sitz der Kugel.

... oder in dessen Umgebung

Pirschzeichen finden sich allerdings nicht immer nur unmittelbar dort, wo das Stück die Kugel bekommen hat, sondern können auch durch Wind, den Geschossdruck oder den Fuß des Jägers mehrere Meter von dort entfernt entdeckt werden. Dann verweisen aber die Eingriffe der Schalen auf die unmittelbare Nähe des Anschusses.

Der Kugeleinschlag, in einem Baumstamm oder im Erdboden gefunden, deutet längst nicht immer auf einen Fehlschuss, sondern kann lediglich die Suche nach der Stelle erleichtern, an der das Stück bei Schussabgabe stand.

Der Nachsuchenhund

Nachsuche bedeutet Riemenarbeit mit dem Hund bis zum verendeten Stück oder Wundbett mit anschließender Hetze, dem Stellen, Niederziehen und Abtun bzw. Abfangen. Alle Grundprinzipien der Nachsuche gelten auch für die auf Rehe.

Der Hund, von welcher Rasse auch immer, muss für die Nachsuche auf Rehwild folgende Eigenschaften mitbringen: Wesensfestigkeit, Fährtenwille, Fährtentreue, Ausdauer, Wildschärfe sowie angewölften Hetz- und Sichtlaut.

Für schwierige Nachsuchen braucht's professionelle Schweißhundführer. Sie finden am Anschuss mehr als der in der Anschussuntersuchung wenig geübte Jäger.

Kugelsitz und Nachsuchenverlauf

Bei Weidwundtreffern mit modernen Büchsenpatronen werden Rehe meistens nicht weiter als 300 m vom Anschuss entfernt ins Wundbett gehen oder vielleicht auch schon verenden. Hat man ihnen genug Zeit gelassen, um krank zu werden – mindestens zwei, besser vier Stunden sollten seit dem Schuss vergangen sein –, wird die Nachsuche in der Regel erfolgreich enden.

Schwindet das Licht, muss man sich bis zum kommenden Morgen gedulden. Eine Nachsuche bei Dunkelheit verursacht immer Probleme.

Dagegen ist bei Streif-, Äser- und Krellschüssen der Hund möglichst bald anzusetzen und zu schnallen. Hier ist nur in Ausnahmefällen, wenn Geschosssplitter Leben fassten, mit einer Totsuche zu rechnen. Bei Laufschüssen – so ist heute die gängige Meinung von erfahrenen Schweißhundführern – sollte ebenfalls längere Zeit mit dem Beginn der Nachsuche gewartet werden.

> **›TIPP**
>
> *Unterschreitet das Wildbret eines frisch erlegten Stücks die Temperatur von 11 Grad, bevor der pH-Wert auf mindestens 6,0 abgesunken ist, wird es zäh. Deshalb nicht zu früh in den Kühlraum verbringen, sondern erst nach Eintritt der Starre, die äußeres Zeichen für die beginnende Säuerung des Fleisches ist.*

Erschwerende Bedingungen

Geringes Lebendgewicht, Größe der Schalen und Art der Fortbewegung hinterlassen bei flüchtigem Rehwild nur geringe Bodenverwundung. Zusätzlich wird die Hundearbeit erschwert, weil Rehe ihre verhältnismäßig kleinen Einstände nur ungern verlassen. Kranke Stücke ziehen stattdessen hin und her, legen Widergänge ein, kreuzen dabei oft die eigene Fährte, nehmen kaum Fernwechsel an und stellen sich dem Hund nur selten, sondern flüchten panikartig.

Wird das (aufgebrochene!) Reh im Rucksack transportiert, muss es nicht über Boden geschleift werden. Besser als im Bild kann das erlegte Stück aber auskühlen, wenn es außen am Rucksack befestigt wird.

In meiner Nachsuchenpraxis musste ich leider häufig feststellen, dass der Schütze oder unerfahrene Hunde bereits intensiv gesucht hatten, bevor ich gerufen wurde. Mitunter wurden sogar junge Hunde am Anschuss geschnallt und suchten frei. Selbst erfahrene Schweißhunde werden dann vor fast unlösbare Aufgaben gestellt.

Das Bringen des Wildes

Ist ein erlegtes Reh aufgebrochen und gegebenenfalls sauber geschnitten (Weidwundschuss) oder mit Wasser in Trinkwasserqualität von Gras, Erde usw. gereinigt worden, sollte es auskühlen. Das früher übliche und bis vor gar nicht allzu langer Zeit in der Ausbildung noch gelehrte Auswischen der verschmutzten Bauchhöhle mit Blättern oder Gras ist aus wildbrethygienischer Sicht strikt abzulehnen.

Ist der Wildkörper bereits abgekühlt und kommt dann mit Wasser in Berührung, wird das Wildbret leicht schmierig und der Fäulnisprozess gefördert.

Transport am Boden

Muss ein Reh über den Boden geschleift werden, hat das immer nur mit dem Kopf voran zu geschehen. Gegen den Haarstrich zieht man schwerer, weil die Haare leicht abbrechen: Das Stück ist dann schon nach wenigen Metern unansehnlich.

Bewährt hat sich das „Hessen“ erlegter Rehe: Durch die Vorderläufe werden oberhalb der Schalen zwischen Knochen und Sehne je ein Schlitz geschärft und da hindurch ein bleistiftdicker, spannenlanger Stock gesteckt. An ihm lässt sich der Wildkörper bequem ziehen. Den Stock kann man auch durch den Kinnwinkel des Rehs stecken und es dann am Haupt hinter sich herziehen.

Ein bereits aufgebrochenes Reh wird nach Möglichkeit nicht mehr geschleift, um Verunreinigungen der Bauchhöhle oder der Keulen auszuschließen.

Ich habe viele Rehe auf dem Rucksack nach Hause getragen. Das Stück packe ich nicht in den Rucksack, sondern verschnüre es außen daran, um Verhitzen zu vermeiden. Das Gewicht verteilt sich trotzdem gleichmäßig auf die Schultern und die Kleidung wird nicht verschmutzt.

Wildtrage Marke Eigenbau

Eine praktische Wildtrage ist einfach herzustellen: Aus dem ungefähr 20 cm langen Abschnitt eines Gartenschlauches (besser zwei unterschiedlich starke Stücke ineinandergesteckt) lässt sie sich kostengünstig anfertigen.

Man knote die Enden einer ungefähr einen Meter langen, stabilen Kordel zusammen und schiebe den Knoten durch den dünnen Abschnitt des Schlauches, der bereits in dem stärkeren Ende des anderen Gartenutensils steckt. An beiden heraushängenden Kordelösen wird ein starker Schlüsselring befestigt. Er verhindert ein Durchrutschen und erleichtert das Anlegen einer Schlinge.

Man braucht dann nur die Vorder- und Hinterläufe des Wildes jeweils durch die herausragenden Schlingen zu stecken und kann so das Stück bequem über die Schulter hängen.

Da sich die ineinandergesteckten Gartenschläuche nur schwer biegen, schnüren sie auch bei stärkerer Belastung die Muskulatur auf der Schulter kaum ein und erleichtern das Tragen.

Preisgünstige Wildtrage Marke Eigenbau aus Gartenschlauch, Kordel und Schlüsselringen.

Reviereinrichtungen und Ausrüstung

Jagdeinrichtungen

In Deutschland legt man auf Reviereinrichtungen für die Rehwildjagd besonderen Wert. Bei uns sind die Reviere verhältnismäßig klein und an Wochenenden oft von Spaziergängern, Joggern und Reitern übervölkert, sodass sich Rehwild anders verhält als in der Wildnis. In unserer übervölkerten Landschaft hat der Sicherheitsaspekt außerdem absoluten Vorrang und in vielen Revieren kann man vom Erdboden aus nicht schießen, weil nicht genügend Kugelfang vorhanden ist.

Die Einrichtungen sind vor allem für die Beobachtung und das Ansprechen des Wildes, aber auch für einen sicheren Schuss unentbehrlich. Mich reizt und befriedigt es allerdings mehr, Rehwild auf der Pirsch zu erjagen, mir das Stück zu erarbeiten, als es an einem gut bestückten Wildacker von einer bequemen Kanzel aus zu schießen.

Kanzeln

Geschlossene Kanzeln

In reinen Rehwildrevieren könnte man auf diese Einrichtung verzichten. Da aber Rehe in fast allen Hochwildrevieren vorkommen, werden sie auch von geschlossenen Kanzeln aus geschossen.

Der Jäger kann witterungsgeschützt in Ruhe beobachten, ansprechen und mit guter Auflage einen sicheren Schuss abgeben. Völlig geschlossene hohe Kanzeln sind gegenüber offenen Sitzen relativ windsicher, wenn der Wind im Fall gegenüberliegender Luken nicht hindurchbläst. Neben der Höhe sind aber auch die

Geschlossene Kanzeln bieten besseren Schutz gegen Wetterunbilden, erschweren aber auch das „Jagen mit allen Sinnen".

richtige Platzwahl und die Bauart von besonderer Bedeutung.

Fenster sollten stets nach innen zu öffnen sein. Als Scharnier oder Aufhängung eignen sich handliche Gummistücke aus einem ausrangierten Autoschlauch. An Fensterrahmen und Kanzelinnenwand genagelt, lassen sich die Luken, mit einem kleinen Schlitz versehen, lautlos öffnen und an einen entsprechend angebrachten Nagel aufhängen.

Plexiglasscheiben haben sich als Lukenfenster bewahrt. Sie spiegeln und beschlagen kaum, sind bruchfest und isolieren zugleich.

Mitunter bekommen Hochsitze ungebetenen Besuch von Spaziergängern, Kindern oder Randalierern, die die Reviereinrichtung missbrauchen oder mutwillig beschädigen. Dagegen empfiehlt sich, eine zweiteilige Aufstiegsleiter zu installieren und deren unteren Teil (etwa 1,5 m oder vier bis fünf Sprossen) nach dem Ansitz zu entfernen und in der Nähe zu verstecken.

Eine winterfeste Kanzel ist „Geschmackssache". Ich fühle mich in ihr von der Natur ausgesperrt, da ich von meinen fünf Sinnen nur die Augen optimal einsetzen kann. In einer geschlossenen Kanzel wird der Jäger deshalb weniger beobachten und erleben als in der freien Natur. Für den Rickenabschuss bei hohen Minustemperaturen werden wenig abgehärtete Jäger sicherlich trotzdem eine isolierte Kanzel vorziehen.

Offene Kanzeln mit Dach

Da nach einem starken Regenguss Rehwild gern aus den tropfenden Beständen auf die Freiflächen tritt, kann man es hier von einer Kanzel aus frühzeitig erwarten. Dann schützt ein Kanzeldach nicht nur vor Regen, sondern verbirgt auch das helle Gesicht, die leuchtenden Hände und unbedachte Bewegungen des Jägers vor den scharfen Sinnen des Wildes.

Dieser weitverbreitete Kanzeltyp bietet im Gegensatz zur geschlossenen Variante eine bessere Rundumsicht und mehr „Bezug zur Natur".

Offene Kanzeln ohne Dach („Drückjagdbock")

Dieser Typ in Leichtbauweise kann problemlos von Ort zu Ort transportiert werden. Da nur ein bis zwei Meter hoch, bietet er sich auch für die Blattjagd an.

Ein Stück Teppichboden, zusammengerollt und unauffällig unter den Fußboden des offenen Hochsitzes befestigt oder sonst wie luftig und trocken am Sitz verstaut, ist nützlich, wenn das Sitzbrett nass geworden ist. Jederzeit ist eine trockene Unterlage, die man nicht mit sich herumschleppen muss, griffbereit.

Ansitzleitern

Die einfache Ansitzleiter ist die „klassische Einrichtung“ für das Rehwildrevier. Ohne allzu großen Aufwand aufgebaut, kann sie hervorragend der Vegetation angepasst werden. Auch hier gilt wieder: Sicht geht vor Deckung. Wie alle Ansitzeinrichtungen muss auch sie frühzeitig und dann regelmäßig so freigeschnitten werden, dass störender Bewuchs das Schuss- und Sehfeld nicht einschränkt.

Auch die Tarnung ist zu überprüfen und erforderlichenfalls ist in der zweiten Aprilhälfte kurz vor Aufgang der Bockjagd der Sitz mit frischen (Fichten-)Zweigen zu verblenden. Wird die Leiter in einen Baum eingebaut, empfiehlt es sich (nach Absprache mit dem Grundstückseigentümer), dessen Krone abzusägen, damit der Sitz ruhig steht und auch bei stärkerem Wind kaum schwankt. Lebende Bäume eignen sich allerdings nicht unbedingt für einen Hochsitzeinbau, weil sie von Jahr zu Jahr wachsen, an Umfang zunehmen und allmählich die Konstruktion des Hochsitzes beschädigen können.

Der Klassiker im Rehwildrevier: die einfach gehaltene Ansitzleiter

Achtung: Die Gewehrauflage sollte der Körpergröße des Jägers angepasst, das Sitzbrett nie festgenagelt, sondern stets nur aufgelegt werden. Nach Regen oder Schneefall braucht man die feuchte Unterlage lediglich umzudrehen, um einen trockenen Sitz zu erhalten. Allerdings kann sie dann auch schon mal gestohlen werden.

Erdsitze

Feste Bodensitze

In manchen Revieren kann man aus Sicherheitsgründen auf Hochsitze kaum verzichten. Häufig ist aber auch die Anlage eines festen Bodensitzes angebracht. Das einfache Sitzbrett mit Sichtblende und Gewehrauflage aus den im Umfeld vorhandenen Materialien ist schnell und ohne großen Aufwand herzurichten.

In Hanglagen – hauptsächlich zur Beobachtung des Gegenhanges – sind geschlossene Sitze mit Dach, Seitenverblendung, Gewehr- und Armauflage sehr nützlich.

Diese Bodensitze eignen sich im Altholz nicht nur für die Rehwildjagd, sondern auch für Drückjagden oder den Ansitz auf Hochwild, weil sie eine gute Rundumsicht ermöglichen.

Transportable Schirme

Nicht nur für die Rehwildbejagung finden transportable Schirme ihre Liebhaber. Sie erlauben einen flexiblen Jagdbetrieb sowohl im Hoch- als auch im Niederwildrevier und bewähren sich beim Ansitz auf feldernde Tauben, einfallende Enten, zu Schaden gehende Sauen genauso wie auf Ansitzdrückjagden, beim Fuchsreizen oder bei der Blattjagd.

Neben der zusammenklappbaren und leicht zu transportierenden Version (aus drei mit Scharnieren verbundenen Teilen) gibt es die genagelte oder geschraubte Konstruktion aus leichten Lärchen- oder Fichtenstangen mit einem eingeschobenen Sitzbrett.

Diese Schirme sind problemlos mit einem Netz zu tarnen. Ich ziehe dafür Fichtenzweige oder anderes „ortsübliches" Material vor.

Solche unauffälligen transportablen Einrichtungen sind preiswert, praktisch und verdienen eine weitere Verbreitung. Ich nutze sie im Herbst und Frühwinter zur Jagd auf weibliches Rehwild, das sich während dieser Zeit in der intensiv genutzten Feldmark durch intensive Störung und wechselndes Äsungsangebot häufig umstellt. Mithilfe des transportablen leichten Schirms kann ich hierauf schnell reagieren. Ist ein Stück Wild bestätigt, wird der Schirm aufgestellt und am nächsten Tag schon angesessen.

Natürliche Schirme

Kanzeln oder hohe Leitern stehen in Deutschland in genügender Anzahl. Ein englischer Jagdfreund meinte ironisch zu mir, sie seien das „Markenzeichen" der deutschen Jägerei. Damit liegt er richtig. Selbst von den deutschen Autobahnen aus sieht man außerhalb der Städte und Dörfer in regelmäßigen Abständen diese „Bauwerke" – besser „Abschussrampen" – für die Jagd, mitunter nur wenige Meter von der Straße entfernt.

Auch deshalb schätze ich natürliche Schirme, die sich meistens problemlos und unauffällig den Örtlichkeiten anpassen. Man nutze die in der Landschaft vorhandenen Sträucher, Zweige und Gestrüpp, stutze sie mit einer Astschere zurecht, verflechte sie miteinander, und fertig ist der Schirm. Auch hinter umgefallenen Baumstämmen, mit Zweigen, Gras oder Moos verblendet, kann man sich verbergen. Noch Praktischeres lernte ich in Sibirien: Die Krone eines dünnen

In vielen Fällen ist ein Erdschirm vollkommen ausreichend.

Baumstammes wird nach unten gebogen und am Boden festgebunden.

Erdlöcher

Erdlöcher werden nur noch selten benutzt, weil sie (zu Unrecht) in Verruf gekommen sind.

Erdlöcher haben tatsächlich Nachteile: Sie laufen bei hohem Grundwasserspiegel und starkem Regen schnell voll Wasser. Infolge der niedrigen Sitzposition und des begrenzten Ausblicks wird die Entfernung zum Wild schnell unterschätzt. Der häufig fast horizontale Schuss aus dem Erdloch birgt ein erhebliches Sicherheitsrisiko, wenn nicht strikt auf entsprechenden Kugelfang geachtet wird. Der Schuss aus dem Erdloch wird auch für unwaidmännisch gehalten, weil das Wild aus ihm leichter erlegt werden kann. Selbst bei schlechtem Licht herrscht gegen den Himmel noch immer gute Sicht.

Diesen Negativfaktoren stehen jedoch folgende Vorteile des Erdlochs gegenüber: Das Wild kann den Jäger kaum eräugen, zumal das ausgehobene Erdreich, als Wall geformt, zusätzlich Deckung bietet. Die Ansitzlöcher bzw. -kuhlen brauchen nicht sehr tief zu sein. Nach meinen Erfahrungen vermutet das Wild hier kaum einen Menschen, außerdem beunruhigt diese Art des Ansitzes weniger als ein Hochsitz.

Es empfiehlt sich, das Erdloch für die Füße an einer Seite abzuschrägen, damit hereingefallenes Getier wie Frösche oder Kröten wieder hinausklettern kann.

Bei niedrigen Temperaturen sollte man durch die Nase atmen, weil warme Dunstwolken, die aus dem Mund quellen, vom Wild eher wahrgenommen werden. Früher waren Erdlöcher gleichbedeutend mit Aasjägerei, aber jede Revier-

Erdlöcher können auch heute noch zweckmäßig sein. Beim Schuss daraus ist allerdings höchste Vorsicht geboten!

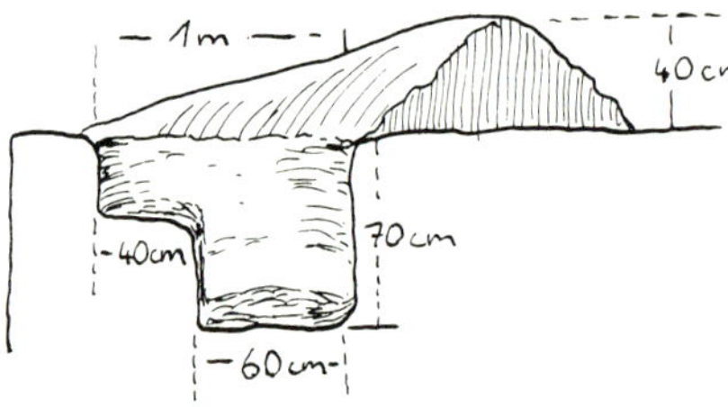

einrichtung ist immer nur so gut oder so schlecht wie derjenige, der sich ihrer bedient.

Pirschwege

Gewisse Reviermaßnahmen sollten im zeitigen Frühjahr durchgeführt werden, um dann in der Jagdzeit, „wenn es ernst wird", nicht mehr zu stören. Dazu gehört auch das Anlegen und Säubern von Pirschwegen, damit man sich lautlos und unbemerkt dem Wild oder der Ansitzeinrichtung nähern kann. Denn was nützt die beste Kanzel, wenn wir morgens beim Angehen oder abends beim Rückweg das Wild vergrämen!

Die Lage von Wildwiesen oder -äckern, der Standort des Ansitzes und die Anlage des Pirschsteigs müssen also gut aufeinander abgestimmt sein. Geäst, Zweige und Laub auf dem Pirschpfad müssen regelmäßig zur Seite geharkt werden.

Tipps und Tricks

Um auch bei Dunkelheit den Pirschweg zu finden, kann man ihn mit Sägespänen markieren. Diese Späne erleichtern außerdem ein lautloses Pirschen.

In von Spaziergängern, Hundeführern, Dauerläufern und anderen Naturnutzern heimgesuchten Revieren sollten Pirschsteige nicht an vielbegangenen Wegen, sondern erst 10 oder 20 m davon entfernt beginnen, damit sie nicht von Unbefugten benutzt werden. (Das Rehwild selbst darf und wird sie übrigens schnell annehmen.) Man kann den Pfad auch nach wenigen Metern in einer starken Biegung „verschwinden" lassen.

Große Flächen sollten von allen Seiten durch Pirschsteige erreichbar sein, damit man sich ihnen bei jeder Windrichtung problemlos nähern kann, ohne das Wild nennenswert zu stören. Dabei muss darauf geachtet werden, dass die Steige möglichst keine Wildwechsel kreuzen.

Pirschwege müssen rechtzeitig angelegt und regelmäßig unterhalten werden.

Hegeeinrichtungen

Fütterungen

In dichten Waldbeständen und Höhenlagen ist es oft nicht möglich, ausreichend Äsungsflächen anzulegen. Dann können in strengen Wintern nach Maßgabe der landesrechtlichen Bestimmungen auch stationäre Rehwildfütterungen errichtet werden. Unter normalen Umständen benötigt Rehwild in gesunden, ökologisch reich gegliederten Lebensräumen jedoch keine künstliche Winterfütterung.

Nach meinen Beobachtungen gewöhnen sich reine „Feldrehe“ langsamer an künstliche Futterstellen als „Waldrehe“.

In fachgerecht angelegten Fütterungen ist das Futter vor Feuchtigkeit und vor Verunreinigung durch Losung geschützt.

Rehe haben im Vergleich zu anderen Wiederkäuern einen verhältnismäßig kleinen Pansen und sind auf leicht verdauliche Nahrung angewiesen. Die zulässigen Futtermittel und der Zeitraum, in dem gefüttert werden darf, sind von einigen Bundesländern näher geregelt.

Reines Grasheu nimmt Rehwild nur ungern an. Feines Heu mit einem hohen Anteil an Kräutern oder gutes Luzerne- bzw. Kleeheu wird dagegen bevorzugt.

Das Futter sollte möglichst früh im Jahr gemäht worden sein. Dann bleibt der Anteil an Eiweiß und leicht verdaulicher Energie erhalten. Nach meinen Erfahrungen wird der zweite oder dritte Schnitt, Grummet genannt, der einen feineren und größeren Anteil an Kräutern besitzt als der erste Schnitt, vom Rehwild besser angenommen.

>TIPP

Ihren Flüssigkeitsbedarf, die tägliche Wassermenge von ungefähr 2,5 Litern, decken Rehe im Wesentlichen aus der Äsung.

Salzlecken

Es gibt kaum ein preiswerteres und zweckmäßigeres Mittel als Salz, um Schalenwild ans Revier zu binden.

Schalenwild, aber auch andere Wildarten wie z. B. Tauben, nehmen es gern auf. Besonders im Frühjahr zur Verfärbezeit und wenn nach trockener Winteräsung das erste frische Grün sprießt, ist Salz für die Verdauung unerlässlich und wirkt sich in geringen Gaben positiv auf das Wild aus.

Salz kann dem Rehwild auf verschiedene Weise zugeführt werden. In Flach-

›TIPP

Beim Zerschlagen größerer Natursecksteine fallen stets viele kleine Brocken an. Diese, in einen Nylonstrumpf gepackt und hoch genug aufgehängt, helfen Salz zu sparen und erfüllen den gleichen Zweck wie ein großer Leckstein, von dem das Salz heruntertropft. Zusätzlich tarnt der dunkle Strumpf das helle Salz vor den Blicken der Spaziergänger.

landrevieren genügt eine Sulze pro 30 bis 50 ha Fläche.

Teure Lecksteine mit Zusatz von Kupfersalzen, Kalk oder anderen Substanzen haben sich nach meinen Erfahrungen nicht bewährt. Im Landhandel erhältliche Lecksteine, angereichert mit verschiedenen Mineralien und Spurenelementen, nimmt Rehwild gern.

Salzlecken sollten so hoch angebracht sein, dass das Wild das Mineral nicht unmittelbar mit dem Lecker erreichen kann, sondern die am Pfahl herablaufende Lösung aufnimmt. Ein Belecken des Salzsteins selbst ist dem Wild nicht sehr zuträglich.

Lecken sollten aber auch nicht zu nah am Boden angebracht werden, weil

Salzlecken – ein preiswertes Mittel, die Attraktivität des Reviers für Rehwild zu erhöhen.

›INFO

Prinzip Salzlecken

Das obere Ende eines Pfahls wird ringsum mit einigen kurzen Brettern benagelt, sodass ein grober, sich nach oben hin vergrößerender Lattentrichter entsteht, in den der Salzstein gelegt wird. Die Niederschläge lösen das Salz auf, und es sickert allmählich am Pfahl herab. Auch das Beträufeln des Stammes mit etwas duftendem Anisöl aus der Apotheke hat sich als Anreiz bewährt.

sie auf den Fuchs eine besondere Anziehungskraft ausüben. Reineke löst sich mit Vorliebe darauf, sodass die Sulzen dann von anderem Wild nicht mehr angenommen werden.

Nach der Salzaufnahme versuchen Rehe, ihren Flüssigkeitsbedarf durch Äsung frischer Triebe und Knospen zu decken. Es kann dann in der Nähe von Salzlecken vermehrt zu Verbiss-, aber auch Fegeschäden kommen. Ich rate deshalb davon ab, Salzlecken in oder in unmittelbarer Nähe jüngerer Kulturen aufzustellen, und empfehle, stationär eine Möglichkeit zum Wasserschöpfen zu schaffen.

Wildäcker und Wildwiesen

Mein Großvater prägte den Ausspruch: „Rehwild hat einen goldenen Zahn." Er meinte damit, dass Rehwild als Konzentratselektierer eiweiß- und energiereiche Äsung benötigt. Sie sollte stets vielseitig sein, wobei Gräser eine untergeordnete Rolle spielen. Deshalb ist wildkrautreichen Wiesen der Vorzug vor Acker- und Saatgrasflächen zu geben.

Grundsätzliches

Wildwiesen sollten nacheinander in zeitlichen Abständen und in Teilstücken gemäht werden, damit das Rehwild immer wieder nachwachsende zarte Grünäsung vorfindet. Nach frühem Stoppelsturz kennzeichnen im Winter kahle, aufgeräumte Felder den modernen Ackerbau. Das Rehwild muss sich dann auf den wenigen verbliebenen ungepflügten Feldern sammeln, um Tag für Tag von der gleichen Wintersaat zu äsen. Man darf sich nicht wundern, wenn diese einseitige Erhaltungsäsung gerade in der zweiten Winterhälfte weder zu einer guten Entwicklung der Kitze noch zu dem erwarteten Wachstum starker Gehörne beiträgt.

Bei der Bestellung von Wildäsungsflächen muss also der Schwerpunkt darauf gelegt werden, dass während des ganzen Jahres hindurch ein selektives Äsungsangebot besteht. Gehaltvolle Äsung muss vor allem in der Zeit, in der das Rehwild sie am dringendsten benötigt – in der zweiten Winterhälfte und zu Beginn des Frühjahrs – vorhanden sein.

Erfahrung der Landwirte nutzen

Samenmischungen gibt es beim Fachhandel sowohl für natürliches Grünland (Wildwiesenmischung speziell für Rehwild) als auch für die verschiedenen Möglichkeiten der Wildackerbestellung.

Sollte der Revierinhaber nicht selbst Landwirt sein, ist er gut beraten, mit ortsansässigen Bauern in einem guten Verhältnis zu stehen. Sie kennen „ihre" Böden und Standorte, wissen, welche Pflanzen für den Anbau geeignet sind, und können erforderlichenfalls mit ihren Maschinen Bestellung und Pflege der Wildäsungsflächen übernehmen.

Diese Maßnahmen zur Förderung und Gesunderhaltung des Wildbestands werden gleichzeitig die floristische Vielfalt und die Lebensgrundlage der gesamten Tierwelt positiv beeinflussen. Arten- und Biotopschutz dienen gleichzeitig der Natur und der Jagd!

Wildäcker und -wiesen für Rehe bieten idealerweise das ganze Jahr hindurch Äsung. Die muss möglichst eiweiß- und energiereich sein, denn: „Rehwild hat einen goldenen Zahn."

Die Ausrüstung des Jägers

Was dem einen Jäger bei der Jagd unentbehrlich erscheint, ist für den anderen unnötiger Ballast. Natürlich kann man voll bepackt mit allen Utensilien auch für den Notfall ausgerüstet ins Revier ziehen, sollte aber nach meiner Devise so wenig wie möglich mitführen. Eine kleine Hausapotheke, Nähzeug, eine Taschenlampe bei der Morgenpirsch und andere Gebrauchsgegenstände für Eventualitäten können getrost zu Hause bleiben. Ich gehe daher nur auf die wirklich notwendige Ausrüstung für die Rehwildjagd ein.

Munition

Manche Jäger belächeln die in Deutschland geführten Streitgespräche über Waffen und Kaliber für den Schuss auf die „zierlichen“ Rehe. „Mit Kanonen auf Spatzen schießen“ ist ihr Eindruck, wenn es um den Rehwildabschuss geht.

In der Tat hat der Gesetzgeber zwar kein Mindestkaliber, aber eine Mindestenergie für die Geschosse auf Rehwild festgelegt. Nach § 19 Abs. 1 Nr. 2a des Bundesjagdgesetzes muss die E100 mindestens 1 000 Joule betragen.

Rehe sind im Vergleich zu manchem Hochwild verhältnismäßig „weich“. Stärkere Geschosse als acht Millimeter sind daher für die Rehjagd nicht angebracht. Ich habe über 1 000 Stück Rehwild erlegt. Die meisten schoss ich mit der 6,5 x 57. Obwohl viele Stücke im Feuer lagen, will ich diese Patrone nicht als das ideale Kaliber für Rehe empfehlen. Andere Jäger konnten gewiss mehr oder gar andere Erfahrungen sammeln.

Unsere über Jahrzehnte verwendeten Geschosse stehen derzeit wegen ihres Bleikerns in der Kritik, Forderungen nach gänzlich bleifreien Geschossen werden immer lauter. Ob Letztere den Ansprüchen an Sicherheit und rasche Tötungswirkung im Sinne des Tierschutzes gerecht werden, ist nach den vorliegenden Untersuchungen noch zweifelhaft. Wie diese Diskussion endet, bleibt jedoch abzuwarten.

›TIPP

Kaliber und Geschossaufbau hin oder her: Immer kommt es beim Schuss und dessen Wirkung auch auf die Stellung des Stücks an, auf das Wetter, auf die Kondition – in der Brunft sind Böcke mitunter erstaunlich schusshart – und vor allem auf den „Steuermann“.

Auf Bewegungsjagden

Bei Bewegungsjagden führe ich eine „unmoderne“ Büchse im Kaliber 8 x 57 IS mit einem Teilmantel-Rundkopf-Geschoss. Da das Wild oft flüchtig kommt oder von (für den Jäger unsichtbaren) Zweigen oder Grashalmen verdeckt wird, sind diese „Bleibatzen“, die sich nicht so schnell von ihrer Flugbahn ablenken lassen, sicher gerechtfertigt. Kleinere rasantere Projektile verursachen oft starke Blutergüsse und zerstören mehr Wildbret als schwerere Geschosse.

Beim Auftreffen und Durchdringen eines schweren Projektils bietet der verhältnismäßig weiche Rehkörper wenig Widerstand, weshalb die Patrone ihre gesamte Energie kaum entfalten kann.

Ohne Zweifel ist ein Kaliber über sieben Millimeter auf Rehwild zwar leicht übertrieben, bei einem wildbretschonenden Schuss aber vertretbar.

„Rehwild-Idealpatronen“?

Viele Meinungen kursieren über sogenannte ideale Rehwildpatronen, aber jede verschossene Kugel ist eben immer nur so gut wie der Jäger, der sie abschießt.

Rehwild ist, wie gesagt, relativ weich, hochbrunftige Böcke bilden manchmal eine Ausnahme. Bei schlechten Treffern gehen Rehe, wenn sie nach dem Schuss eine halbe Stunde oder auch länger vollkommen in Ruhe gelassen werden,

Geeignete Rehwildkaliber von .222 Remington bis 6,5 x 57. „Dicker“ funktioniert auch, ist aber nicht notwendig.

meistens schnell ins Wundbett, ausgenommen bei Laufschüssen. Wurde ein sehr hoher Laufschuss angetragen, dringt oft ein Geschosssplitter ins „Leben“, und nach genügender Wartezeit kann man dann das Stück im Wundbett problemlos abfangen oder bereits verendet auffinden.

Auch ein Flintenlaufgeschoss, heute für die Rehwildjagd „aus der Mode“ gekommen, ist auf vertretbare Entfernungen von 30 bis 40 Gängen durchaus vertretbar, sofern die Waffe vorher damit eingeschossen wurde. Man kann das Zeichnen im Schuss gut beobachten, und der Ausschuss liefert genügend Schweiß.

Zieloptik

Für die Zieloptik gibt es ebenfalls keine festen Regeln. Als ich noch ohne Brille besser sehen konnte, schoss ich bei der

Blattjagd stets über die offene Visierung, denn angeblattete Böcke kommen oft sehr schnell und nah.

Nach meiner Auffassung sollte man aber möglichst nah an das Wild herankommen und es auf höchstens 100 m „gerecht“ erlegen, anstatt es auf weitere Entfernung mit technischem Aufwand unter Risiko zu töten. Ohne Zweifel wird ein Zielfernrohr mit acht- oder zehnfacher Vergrößerung schneller zu (zu) weiten Schüssen verführen, aber auch leichter über die tatsächliche Schussentfernung hinwegtäuschen als eines mit lediglich einer zweieinhalb- oder vierfachen Vergrößerung.

Messer

Das Rehwild zählt zum Niederwild, und nach diesem Gesichtspunkt sollte man auch das Messer für das Aufbrechen auswählen. Eine kurze scharfe Klinge, nur so lang wie der Zeigefinger des Jägers, reicht völlig aus – auch zum Abfangen. Je mehr Übung ein Jäger mit dem Messer hat, desto kürzer kann er die Klinge wählen.

> **›TIPP**
>
> *Idealerweise führt der Jäger auch eine Aufbrechhilfe mit sich, die das Aufbrechen des kopfunter hängenden Rehs nach der „Schlachtermethode“ ermöglicht. Diese Methode wird den gestiegenen Ansprüchen an die Lebensmittelhygiene heute am besten gerecht.*

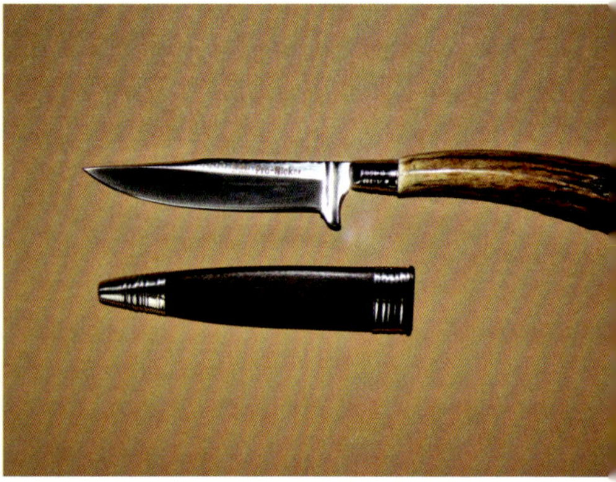

Ein relativ kurzes Messer wie dieser Nicker – einst für das heute nicht mehr zeitgemäße „Abnicken“ entwickelt – reicht für alle Zwecke bei Rehwild aus.

Das Aufbrechen des Rehwildes unterscheidet sich nicht von dem anderer Wildarten. Sie kommen allerdings mit einem wesentlich kleineren und somit handlicheren Messer aus, wenn Sie das Schloss aufbrechen oder mit einer Gartenschere öffnen. Solch eine Schere sollten Sie ohnehin auf der Jagd mitführen, denn es lassen sich störende Zweige vor dem Sitz geräuschlos damit entfernen.

Das Aus-der-Decke-Schlagen und Zerwirken wird meist zu Hause durchgeführt. Daher erübrigt sich die Diskussion über das auf der Jagd mitzuführende Schneidwerkzeug.

Exkurs Abfangen
Das sogenannte Abnicken kranker Rehe – der Stich zwischen Hinterhauptbein und ersten Halswirbel ins Rückenmark – ist heute aus tierschutzrechtlichen Gründen abzulehnen. Die Bezeichnung Nicker, im Süddeutschen auch Knicker genannt, leitet sich von diesem „Abnicken" ab. Dafür wurden diese Jagdmesser mit schlanker spitzer Form früher entwickelt.

Tierschutzgerechter ist der sogenannte Blattfang, bei dem ein Vorderlauf des Rehs angehoben und mit dem Messer hinter das Blatt gestochen wird. Das erfolgt hoch oben unter dem Rücken, anschließend wird die Klinge mit einer schneidenden Bewegung nach unten auf den Brustkorb zu gezogen. Dabei sollten Sie die Kontur der Rippen auf der gegenüberliegenden Seite des Brustkorbs im Messergriff spüren.

Bekleidung

Die folgenden Hinweise zu Bekleidung, Optik und anderem Zubehör gelten natürlich nicht nur für die Jagd auf Rehwild, sondern für die Einzeljagd generell, also auch für die im zweiten Teil des Buches behandelte Jagd auf Sauen.

Tarnkleidung

Bei der Jagdausübung kann die Ausrüstung sehr leicht über Erfolg oder Misserfolg entscheiden. Das beginnt bereits mit der richtigen Bekleidung, die bei uns auch heute noch von Tradition, Mode oder Geschmack, also nicht allein vom praktischen Nutzwert bestimmt wird. Jeder Jäger sollte sich heutiger Erkenntnisse und Erfahrungen bedienen.

In England und Osteuropa erzielt man seit Jahren gute Erfolge mit sogenannter Camouflagekleidung (camouflage: militärisch = tarnen). Es gibt sie in verschiedenen Qualitäten und unterschiedlichen Variationen für die Jagd im kühlen Herbst, im heißen Sommer, im Laub- oder Nadelwald.

Durch die auf die jeweilige Jahreszeit und den entsprechenden Bewuchs geschickt abgestimmte Färbung und Musterung dieser Kleidung verschmilzt

Camouflagebekleidung liegt im Trend – nicht ganz zu Unrecht: Sie erschwert es dem Wild, die sich bewegende, z. B. pirschende Jägerin wahrzunehmen.

der Jäger praktisch mit seiner Umgebung, denn einfarbige Stoffe wirken im Allgemeinen auffälliger als mehrfarbige. Der Jäger entzieht sich so leichter dem Augensinn des Wildes, vor allem, wenn er sich bewegt. Den regungslosen Jäger wird ein Reh kaum wahrnehmen, auch wenn er blaue, grüne oder rote Kleidung trägt. Rehwild hat nämlich ein stark reduziertes Farbsehvermögen (s. a. Kap. „Die Sinne des Rehwilds"). Ich habe mit Tarnkleidung (nicht nur bei der Jagd auf Rehwild) gute Erfahrungen gemacht. Es geht ja auch nicht nur darum, dass der Jäger nicht vom Rehwild bemerkt wird, sondern dass auch andere Tiere ihn nicht wahrnehmen und dann das Umfeld warnen.

Die beste Tarnkleidung nützt dem Jäger allerdings nichts, wenn die Sonne in seinem Rücken steht, weil das Wild die Schattenumrisse dann in jedem Fall wahrnimmt. So kann der Ansitzjäger im Gegensatz zum Pirschjäger normalerweise die gleiche Kleidung tragen, die er auch bei Ausübung anderer Jagdarten trägt.

Lautlos ist wichtig

Selbstverständlich sind alle laut knisternden oder raschelnden Kleidungsstoffe zu meiden. Der gute alte Lodenmantel mit verdeckter Knopfleiste, die ein Klappern des Fernglases an den Knöpfen verhindert, ist immer noch „modern" und praxisgerecht. Ein extradicker Knopf, auf der rechten Schulter fest angenäht, erschwert das lästige Abgleiten der Waffe von der Schulter.

Auf dem Kopf ...

Ich bevorzuge einen fest sitzenden, breitkrempigen Hut oder eine Mütze mit einem großen Schirm, damit verhoffendes Wild das menschliche Auge oder die Spiegelung der Brillengläser beim Bewegen des Kopfes nicht wahrnimmt. Eine breite Krempe schützt den Brillenträger außerdem vor Regen und blendendem Sonnenlicht.

Bei aufkommender Dämmerung leuchten Gesicht und Hände des Jägers besonders verräterisch hell und weit. Die kleinste Bewegung wird dann vom Wild oft wahrgenommen.

Neben leichten Handschuhen kann ein ungefähr 30 x 30 cm großes Netz aus Gazestoff, innen am Hut- oder Mützenschweißband befestigt, Wunder wirken. In das Schweißband eingedreht, ist es nicht zu sehen, lässt sich aber vor der Jagd problemlos entfalten und macht das Gesicht des Jägers fast unsichtbar. Weil der Stoff sehr dünn und daher durchsichtig ist, stört er weder beim Beobachten noch beim Schießen – und hält außerdem blutsaugende Plagegeister vom Gesicht fern.

... und an den Füßen

Die Schuhe des Jägers sollten dem Jagdrevier angepasst sein. Feste Schuhe mit Profilgummisohlen sind zweckmäßig. Wählt man Gummistiefel, sollten die Schäfte eng an den Waden anliegen, um beim Laufen störende Geräusche zu vermeiden. Ich trage gern einfache Leinenschuhe. Sie saugen sich zwar bei Regen, Früh- oder Abendtau rasch voll Feuchtigkeit, aber fast ebenso schnell trocknen sie auch wieder.

Optik

Zwar mag es dem Jäger helfen und ihn befriedigen, die Perlung eines begehrten Gehörns mit einem lichtstarken schweren Nachtglas oder gar Spektiv genau zu bestimmen, dennoch sollte er bei der Pirsch das unhandliche Gerät besser zu Hause lassen.

Auf der Pirsch muss der Jäger oft schnell ansprechen und schießen. Hierfür reicht ein sechs- bis achtfaches Fernglas völlig aus. Dieses braucht man nicht immer auf die jeweilige Entfernung neu einzustellen, sondern erhält trotz Bewegung und sich ständig ändernder Distanz zum Wild auch ohne Justierung eine angemessene Schärfe. Stärker vergrößernde Gläser verwackeln leicht, wenn man keine geeignete Auflage hat.

Auf der Pirsch bei gutem Licht genügt ein leichtes Fernglas wie z. B. ein 8 x 30 (l.), für den Abend- und Nachtansitz sind ein großer Objektivdurchmesser und damit hohe Dämmerungsleistung wie beim 8 x 56 (r.) deutlich besser.

>TIPP

Damit Zielfernrohre oder Ferngläser nicht beschlagen, werden sie dünn mit Geschirrspülmittel abgerieben. Dadurch entsteht ein hauchdünner Film, auf dem sich die winzigen, für den Beschlag von Linsen verantwortlichen Dunsttropfen nicht halten können.

Praktisches Zubehör

Zu diesem Abschnitt ließe sich viel schreiben. Ich möchte aber meine Ausführungen nur auf die „Grundausstattung" beschränken.

Pirsch- bzw. Zielstock

Auf der Jagd führe ich fast immer einen Zielstock zum Anstreichen der Büchse oder Auflegen des Fernglases mit mir. Vorher sollte man sich mit ihm vertraut machen, auch einige Probeschüsse von ihm aus abgeben, damit der Stock nicht zu einem störenden Hindernis bei der Jagdausübung wird.

Einbeinige Stöcke sollten die Größe des Jägers haben, zweibeinige, die in gespreizter Stellung Höhen- und Seitenschwankungen des Gewehrlaufs verhindern, und dreibeinige, die in allen Richtungen Stabilität geben, müssen in geschlossenem Zustand etwas länger

>TIPP

Ein Besenstiel, eine Gardinenstange aus Holz oder irgendein Rundstab von ungefähr zwei Metern Länge wird (mit der Kreissäge) der Länge nach halbiert. Gut eine Handbreit unter dem Ende durchbohrt, werden beide Hälften an gleicher Stelle mit einer einfachen Schraube und Mutter wieder zusammengefügt. Im Gegensatz zum herkömmlichen Bergstock stabilisiert diese „Schießschere" den Anschlag zusätzlich nach beiden Seiten hin.

sein. Bewährt hat sich die sogenannte Schießgabel (s. Kasten).

Vom einfachen Haselnussstecken über die selbst gebastelte Schießgabel, das Zwei- oder Dreibein bis hin zum „Hightechgerät" aus dem Katalog – die Vorteile eines Zielstocks wiegen die Mühe des Mitführens fast immer auf.

Mündungsschoner

Bei Regen, starkem Schnee oder feuchter Witterung, aber auch bei der Nachsuche klebe ich ein Schusspflaster oder Leukoplast auf die Gewehrmündung, damit keine Fremdkörper in den Lauf gelangen können. Aus dem „zugeklebten" Lauf kann man gefahrlos schießen. Die Treffsicherheit wird nicht beeinträchtigt, weil das Geschoss die Luftsäule im Lauf zusammendrückt und das Pflaster fortbläst, bevor das Projektil die Mündung erreicht. Ersatzpflaster kleben für den Fall der Fälle am Gewehrschaft.

Rucksack

Auch der Rucksack ist bei längerem Ansitz oder Pirschen nützlich, bei der Jagd im Gebirge unentbehrlich. Er kann nicht nur Ersatzkleidung, Proviant oder den erlegten Bock tragen, sondern dient bei schwierigen und weiten Schüssen auch als sichere Gewehrauflage. Die Beute wird erst dann in den Rucksack in die Schweißeinlage gesteckt, wenn sie völlig ausgekühlt ist, ansonsten über den „Hasensarg" gebunden.

Zuletzt

Ein Dreibein oder ein Sitzstock ermöglicht es, z. B. bei der Blattjagd, erhöht zu sitzen und über den Bodenbewuchs freieres Schussfeld zu haben, jedoch mit dem Nachteil, gleichzeitig vom Wild eher eräugt zu werden. Hier hilft ein Tarnschal oder Mückenschleier, der nicht nur das helle Gesicht des Jägers verdeckt, sondern auch vor Fliegen, Mücken usw. schützt. Auch im Sommer sind, wie erwähnt, neben Tarnschal oder Mückenschleier Handschuhe hilfreich, weil Gesicht und Hände unbedeckt weithin leuchten.

Einen Entfernungsmesser empfehle ich auf der Jagd nicht. Steht das Stück so weit, dass ich die Distanz schwer schätzen kann, versuche ich, mich ihm zu nä-

> **›TIPP**
>
> *Der Duft von Mückensprays oder Ölen hat bei sparsamer Anwendung nach meiner Einschätzung auf das Wild kaum negative Wirkung. Es sei denn, der Jäger übertreibt es mit besonders süßem „Aftershave" oder anderen „fremden" Gerüchen und der Wind steht günstig zum Wild.*

hern, oder unterlasse den Schuss. Sollte man leihweise ein solches Gerät bekommen können, so kann man im Revier von den einzelnen Hochsitzen markante Punkte anpeilen, die Entfernung bestimmen und diese Punkte dann markieren (vgl. S. 78 f.).

Eine Taschenlampe ist (beim abendlichen Jagen) zu empfehlen, manchmal auch ein Windprüfer. Außerdem führe ich immer einen Strick mit, um erlegtes Wild aus dem Bestand zu ziehen, sowie mehrere Plastikbeutel: einen für Herz, Leber und Nieren, den anderen für Drossel, Milz, Lunge und leeren Pansen für meinen Hund. Ein solcher Plastikbeutel eignet sich auch als Sitzunterlage auf durchweichten Hochsitzbänken. Weiterhin ist eine Plastikdose mit dicht schließendem Deckel für Schweiß zur Hundeausbildung nicht verkehrt.

Schlussbemerkungen

Seit alters her zählt Rehwild in Deutschland zum Niederwild. Im Gegensatz zum Hochwild, das nur von Landesherren oder Mitgliedern hoher Stände erlegt werden durfte, war sein Abschuss den niederen Ständen vorbehalten. Noch in meiner Jugend sprach man vom „Kopf", nicht vom „Haupt", vom „Hals", nicht vom „Träger" des Rehbocks. Diese Bezeichnungen galten nur für den „edlen" Hirsch. Ein Rehbock wurde zwar manchmal auch „tot"-geblasen, eine Ricke aber, wie es heute üblich ist, nie.

Noch zu meines Urgroßvaters Zeiten wurde Rehwild – als Niederwild – nicht von den Jagdherren, sondern meistenteils von deren Beamten als Deputat geschossen, war es doch für Letztere auch ein finanzieller Faktor.

Die Zeiten haben sich geändert. Das Rehwild ist zur beliebtesten, meistbejagten Wildart der deutschen Jägerei geworden. Im Jagdjahr 1979/80 wurden laut DJV-Handbuch 749 210 Stücke erlegt. Im Jagdjahr 1997/98 waren es bereits 1 044 809 Stücke, und seither wurde auch in „schwächeren Jahren" die Million nicht mehr unterschritten. Im Jagdjahr 2012/13 kamen 1 192 583 Rehe zur Strecke.

Für viele Jäger wäre es unverständlich, wenn aufgrund falsch verstandenen Umweltschutzes oder nicht nachvollziehbarer Ideologien der „Hirsch des kleinen Mannes" wieder zum „Niederwild" degradiert werden würde. Es sollte nicht nur um Wildbewirtschaftung und -management sondern immer auch um Jagd im ursprünglichen Sinne gehen. Was für das Verhalten der Tiere in der Wildnis gilt, hat auch für die Rehe in unserer Kulturlandschaft Gültigkeit. Ein Indianerhäuptling, mit dem ich in der kanadischen Wildnis jagte, gab mir den bewährten Rat: „Versetze dich in die Lage des Wildes; überlege, wie du als Tier handeln würdest: hättest du Hunger, wolltest du sicher schlafen, spürtest du Gefahr oder würdest du verfolgt."

Wenn der Jäger versucht, sich in die unterschiedlichen Situationen des Wildes hineinzuversetzen und es dann überlistet, ist das befriedigender, als vom Hochsitz aus auf sein Glück zu warten. Ein Ansitz kann zwar ungemein reizvoll sein, aber der Jäger kann sein Glück auch durchaus beeinflussen.

Das Buch begann ich mit dem Ausspruch eines bekannten Jagdschriftstellers und Jägers aus dem Anfang des letzten Jahrhunderts, und ich schließe es mit dem Leitspruch eines damals ebenfalls anerkannten Mannes und Waidmannes, der auch noch heute Gültigkeit besitzt, mit Wahrmund Riegler:

„Der Bock, der im Wiesengrunde steht –
nun meinetwegen,
den kann man umbringen, töten,
schießen, erlegen.
Doch den flüchtigen Bock noch
schlau zu umschlagen,
das allein heißt Weidwerk und
weidgerecht jagen."

Seit Langem ist das Rehwild die beliebteste und meistbejagte Schalenwildart unserer Breiten. Mag es traditionell auch „nur" zum „niederen Wild" zählen – wir schulden ihm unsere Wertschätzung und Respekt!

Teil II
Praxistipps Schwarzwildjagd

Mehr als nur schießen

Wohl noch nie gab es in Deutschland so viel Schwarzwild wie in den letzten Jahren. Im Jagdjahr 1998/99 wurden in der Bundesrepublik über eine Viertelmillion Stück erlegt, 2001/2002 mehr als 500 000, 2008/2009 war einschließlich Fallwild dann ein Rekord von 646 790 zu verzeichnen. Auch im Jagdjahr 2012/13 lag die Gesamtstrecke bei über 644 000 Sauen (Quelle: DJV-Handbuch).

Diese Zahlen sollten nachdenklich machen. Werden immer noch zu wenig Sauen geschossen?

Veränderte Wirtschaftsmethoden in der Landwirtschaft, riesige, kaum erfolgreich zu bejagende Mais-, Raps- und Weizenschläge und immer häufigere Masten im Wald sorgen für ein ungewöhnlich hohes Fraß- und Deckungsangebot, haben die Lebensräume und das Verhalten unserer Sauen radikal verändert und erschweren dessen waidgerechte Bejagung.

Das Schwarzwild hat auf die günstigeren Ernährungsbedingungen mit starker Vermehrung reagiert. Die Jagdstrecken steigen zwar, aber noch höher ist die Zuwachsleistung der Sauen, die jeder Mast folgt und in Spitzenjahren bis zu 300 % betragen kann.

Milde Winter mit immer weniger Schnee erschweren zudem das Kreisen und das kurzfristige Organisieren von Drückjagden. Und doch wird Schwarzwild vor allem auf Gesellschaftsjagden geschossen. Die alten Jagdmethoden sind „Jagdevents", perfekt durchorganisierten Massenveranstaltungen gewichen, die nur noch der Reduzierung dienen. Die Verantwortung für das Wild trägt der Jagdveranstalter, der (zahlende) Gast hat kaum Beziehung zu dem Revier und dessen Wild, sein Erlebnis reduziert sich aufs Schießen.

Damit aber das Waidwerk nicht zu nüchterner effektiver Wilddezimierung verkommt, sind die nachfolgenden Kapitel geschrieben – auch Schwarzwildjagd muss mehr sein als nur Abschießen.

Mit dem richtigen Wissen ist das auch angesichts des riesigen Schwarzkittelheeres möglich. Für die Jäger jedenfalls besteht kein Grund zu kapitulieren.

Lüneburg, zur Zeit des
Schnepfenstrichs *Gert G. von Harling*

Schwarzwildbiologie für die Praxis

Verhalten des Schwarzwildes

Will der Jäger das urige Schwarzwild erfolgreich und artgerecht bejagen, ist es unerlässlich, grundlegende Fakten über dessen Verhalten und Lebensweise zu kennen.

Soziale Organisation

Sauen führen ein enges Familienleben und rotten sich keineswegs wahllos zusammen, wie der Begriff „Rotte" vermuten lassen könnte. Eine Rotte besteht nur aus miteinander verwandten Bachen und ihren Frischlingen, fremde Sauen werden nicht geduldet. Angeführt werden diese Verbände von einer älteren erfahrenen Bache, der sogenannten Leitbache.

Der männliche Nachwuchs wird mit etwa eineinhalb Jahren aus diesen Rotten ausgestoßen. Solche Überläuferkeiler bilden dann oft eigene Rotten und ziehen in ihnen umher.

> **›TIPP**
>
> *Sauen schieben sich bemerkenswert schnell ein – sie „verschwinden" einfach. Wo sie eben noch standen, entdeckt man kurz darauf nur noch dunkle Flecken. Selbst bei Schnee ist es schwierig, ruhende Sauen im Kessel auszumachen.*

Mit bis zu 15 Stunden bestimmen Ruhephasen den größten Teil des Tages beim Schwarzwild.

Ruheverhalten

Wie bei den meisten Wildarten ist auch die Lebensweise des Schwarzwildes von Ruhephasen dominiert. Sauen ruhen zu mehr als der Hälfte des Tages, bis zu 15 Stunden.

Ruheplätze

Für kurze Ruhephasen scharren Sauen eine einfache Mulde in den Boden. Für längere Schlafpausen graben Rotten mitunter sogenannte Kessel, in denen die Rottenmitglieder dicht aneinandergedrängt ruhen. Diese Kuhlen werden manchmal mit Farnkraut, Schilf, Stroh, Heu, Gras oder Laub ausgepolstert und an windgeschützten, sonnigen Orten unter tief beasteten, dichten Nadelbäumen angelegt. Bei einzelnen Sauen spricht man nicht vom Kessel, sondern vom „Lager".

Mitunter schieben sich Sauen aber auch in Reisighaufen oder unter nach der Holzhauerei liegen gebliebenen Nadelholzkronen ein.

Warm und trocken bevorzugt

Obwohl sie feuchte, sumpfige Gebiete schätzen und nicht ohne Suhlen auskommen, lieben Sauen warme und vor allem trockene Ruheplätze. In hügeligem Gelände liegen sie meist auf den Höhen oder am halben Berg, möglichst mit Schutz vor Nässe von oben. Fichtenhorste werden bevorzugt.

An klaren stillen Wintertagen wählen Sauen gern niedrige Dickungen als Tageseinstände – wahrscheinlich, weil die Sonne in solch niedrige Schonungen viel intensiver hineinscheint als in ältere geschlossene Dickungen.

Ortsbewegungen und Fraßverhalten

Da Reviere in Deutschland durchschnittlich nur wenige Hundert Hektar groß sind und eine Rotte in einer Nacht manchmal mehrere Jagdbezirke auf der Suche nach Fraß durchqueren muss, gelten Sauen als unstet.

In störungsfreien Lebensräumen ist Schwarzwild bei Tageslicht zu beobachten.

Standorttreu und – eigentlich – lichtaktiv

Das trifft allerdings nicht zu, denn sie sind von Natur aus recht standorttreu. Finden sie einen ihnen zusagenden Lebensraum, der genügend Fraß, Wasser sowie Deckung, Ruhe und Wetterschutz bietet, verlassen sie ihre Einstände nicht ohne Not. Liegen allerdings Felder mit reichlich Fraß und der Tageseinstand im Wald weit auseinander, verwenden sie (jahreszeitlich verschieden) viel Zeit aufs Umherwechseln.

Bei guter Eichel- oder Buchenmast verbleiben Sauen meistens im Wald. Locken entferntere Getreidefelder, wandern sie kilometerweit und kehren erst wieder in ihre Waldeinstände zurück, wenn die Äcker abgeerntet und kahl sind.

Gönnt man ihnen Ruhe, sind sie dämmerungs- und lichtaktiv, werden aber

>TIPP

Wird Schwarzwild gestört, flüchtet es meistens im „Gänsemarsch“ auf seinen Wechseln, selbst wenn die Rotte vorher weit verstreut im Gebräch stand.

durch starke Bejagung zum Nachtwild. Die heimliche Lebensweise wird durch Nachtansitze noch gefördert die Bejagung und erschwert.

In einer friedlichen und weitgehend störungsfreien Umwelt sind sie vor allem bei Sonnenauf- und -untergang aktiv, verlegen Aktivitäten bei Halb- und Vollmond allerdings mehr in die Nacht.

Trockenheit und Wärme vermindern die Aktivitäten des Schwarzwildes, bei bedecktem Himmel und feuchter Witterung verlässt es aber auch tagsüber mitunter sein Lager.

In heißen Sommern stecken Sauen gern in feuchten Revierteilen, man sieht sie tagsüber kaum, und sie werden erst abends, wenn es abkühlt, aktiv. Starker Sommerregen oder ein kühlendes Gewitter am Tag lassen sie manchmal aber schon bei Helligkeit umherbummeln.

Trifft man außerhalb der Rauschzeit an warmen trockenen Tagen auf Sauen, wurden sie wahrscheinlich gestört und rege gemacht.

Gemütliche Allesfresser

Abgesehen von Feldern mit guter Deckung, verweilen Sauen ungern längere Zeit an einem Ort und ziehen lieber von Acker zu Acker. Während Hausschweine ihren Futtertrog in Windeseile leer fressen, gehen es Wildsauen ruhiger an, lassen sich Zeit bei der Suche und Aufnahme von Fraß, ziehen beim Brechen umher, sind immer in Bewegung und verhalten selten länger als ein paar Minuten auf derselben Stelle.

Sauen sind Allesfresser – sie haben eine Gallenblase –, verfügen über ein breites Nahrungsspektrum und sind die einzigen Paarhufer, die tierisches Eiweiß aufnehmen, ja geradezu lieben: Frischen Aufbruch, selbst von toten Artgenossen, verschmähen sie nicht, fressen sogar lebende Frischlinge und nehmen auch Luderplätze an. Dazu kommen Mäuse, Amphibien, Insekten, Vogeleier, Nestlinge und Jungwild, kurz alles, was nicht schnell genug flüchten kann.

Den Wechseln treu

Sauen bewegen sich zwischen Fraß- und Ruheplätzen, Suhlen, Malbäumen, Kesseln usw. auf Wechseln, die oft jahrelang eingehalten werden, selbst wenn der Wald inzwischen abgeholzt wurde und Straßen oder andere Hindernisse entstanden sind. Nur in Ausnahmefäl-

Familienverband „im Gänsemarsch". Sauen sind ihren Wechseln treu.

len führen solche Wechsel über größere Freiflächen und bilden dann meistens die kürzeste Verbindung zwischen den Dickungskomplexen oder anderer Deckung.

Müssen Zäune, Straßen, Wege oder Bahnlinien überquert werden, führen Schwarzwildwechsel in der Regel im rechten Winkel darauf zu. Wege oder gar Straßen werden ungern über längere Strecken angenommen.

Alte Keiler nehmen seltener feste Wechsel an, meiden die oft von anderen Sauen eingehaltenen und bevorzugten Wechsel, die längere Zeit nicht von Artgenossen benutzt wurden.

Stark frequentierte Schwarzwildwechsel sind tief ausgetreten. Da der Bewuchs bis zur Höhe der Wildkörper gestreift oder weggedrückt wird, wirken sie

›TIPP

Die röhrenartigen Schwarzwildwechsel durch höheren Bewuchs kann der Jäger gut erkennen, wenn er sich an den fraglichen Stellen auf den Boden legt oder kniet.

in dichtem Unterholz mitunter wie eine Röhre, in der sich die Stücke fast lautlos bewegen können.

Deckung um jeden Preis

Schwarzwild nutzt mit Vorliebe die Deckung kleinster Bodenunebenheiten und Vertiefungen, statt über Bodenerhebungen hinwegzuziehen oder zu flüchten. Freie Flächen, lichte Hochwaldbestände ohne Unterwuchs o. Ä. werden fast immer in schneller Gangart und hintereinander auf dem kürzesten Weg bis zur nächsten Deckung überquert.

Deckungsfreie Flächen überquert Schwarzwild nur ungern und daher schnell.

Fühlen sich die Sauen anschließend ungestört und sicher, lockern sich die Rotten wieder auf, und die Stücke verteilen sich in breiter Front.

Alte Keiler

Alte Keiler bewegen sich vornehmlich im Troll. Bevor sie eine Blöße oder einen Weg überqueren, verhoffen sie in der Regel am Rand im Schutz der Dickung und sichern nicht wie Rot- oder Damwild auf der Mitte einer Schneise.

Sind sie misstrauisch, bewegen sie sich so unglaublich leise und behutsam, wie man es einem so schweren Tier kaum zutrauen würde. Unhörbar schieben sie sich dabei durch das dichteste Gestrüpp. Oft verlassen sie den Wechsel bevor sie austreten, sichern 10, 20 Meter entfernt erst auf der einen, dann auf der anderen Seite, um sich zu vergewissern, dass die Luft „draußen" rein ist.

Komfortverhalten

Schwarzwild stellt bestimmte „Wohlfühlansprüche" an seinen Lebensraum und dessen „Ausstattung". Sie zu kennen und im Revier zu berücksichtigen, dient sowohl der Hege der Sauen als auch ihrer effektiven Bejagung.

Regelmäßiges Suhlen ist für Sauen fester Bestandteil der „Lebensqualität".

> **›TIPP**
>
> *Wie Wechsel und Fraßplätze sind auch Suhlen kein „Privatbesitz"! Sie werden mit verschiedenen Rotten geteilt und nicht verteidigt.*

Suhlen

Ab einem Alter von ungefähr drei Monaten nehmen Sauen Suhlen an. Das verschafft Kühlung, der Schlamm reinigt die Schwarte von Parasiten. Mehrmals täglich werden Suhlen aufgesucht. Besonders in trockenen Waldgebieten üben sie eine starke Anziehungskraft auf Schwarzwild aus.

Vor allem von April bis August suhlen bei großer Hitze Sauen auch tagsüber. Sonst werden die Abendstunden und die Zeit vor dem Einwechseln in den Tageseinstand bevorzugt. Einzelne Stücke suhlen meistens nur kurz und lassen sich selten Zeit für ein ausgiebiges Bad. Bachen mit älteren Frischlingen liegen aber mitunter stundenlang im morastigen Wasser oder Schlamm und schieben sich anschließend gern im Schilf oder in sumpfigen Teichrändern ein.

In Hochwildrevieren sind solche Suhlen bei drückender Hitze selbst am Tag Hauptanziehungspunkte. Je versteckter ihre Lage, desto „ungenierter" werden sie angenommen. Stehen keine Suhlen zur Verfügung oder trocknen sie aus, wandern die Sauen ab.

Sulzen

Wie fast alle Wildarten nimmt auch Schwarzwild gern Salzlecken beziehungsweise Sulzen an. Diese Einrichtungen sollten in der Nähe von Suhlen, Wildäckern und bekannten Einständen stehen und dürfen nicht zu leicht gebaut sein, da Sauen nicht zimperlich sind, wenn sie ans Salz gelangen wollen.

Lecksteine auf festen Pfählen, an denen das Salz mit dem Regen herabläuft, werden bevorzugt. Eine Mischung aus Lehm und Kochsalz im Verhältnis 5:1 in einem stabilen Trog erfüllt ebenfalls seinen Dienst.

Achtung: Salz macht durstig! Bei der Standortwahl für Salzlecken ist deshalb immer auch darauf zu achten, dass die Sauen in der Nähe Wasser zum Schöpfen finden.

Malbäume

Nach Verlassen der Suhle, aber auch nach einer Ruhephase und ganz besonders während des Haarwechsels sucht Schwarzwild gern Malbäume auf. Parasiten, die, vom Schlamm umgeben, auf der Schwarte haften, jucken heftig. Um die Quälgeister loszuwerden, scheuern sich Sauen mit Inbrunst an diesen Bäumen.

Malbäume werden sogar im Winter gelegentlich aufgesucht.

Manche Malbäume werden jahrelang benutzt, wie helle, rindenlose Stellen zeigen. Bewährt hat sich, Malbäume bis zu einem Meter Höhe dick mit Holzteer zu bestreichen, da Teergeruch die Sauen anzieht. An Bäumen mit grober Rinde haftet dieser Teer besser.

Bei Trockenheit, wenn Felder, Wiesen sowie Wildäcker braun und verdorrt und auch im losen staubigen Sand keine Saufährten mehr zu finden sind, erkennt man immer noch den frischen Schlamm, den sich die Sauen nach dem Suhlen aus der Schwarte schütteln, oder die feuchten Tropfen im Gebüsch, die beim Fortziehen von den Borsten abgestreift wurden oder auf den Boden fielen. So führt auch zu den Malbäumen meistens ein morastbedeckter Wechsel, den man am abgestreiften Schlamm erkennt.

›TIPP

Aus der Höhe der Scheuerspuren an Malbäumen kann der Jäger auf die Stärke des Stückes schließen. Keiler bearbeiten Malbäume manchmal auch mit ihren Zähnen. Dann verrät die Höhe der Stammverletzungen die Stärke des Stücks.

Die Sinne des Schwarzwildes

Mit Ausnahme des Gesichtssinns sind auch die Sinne des Schwarzwildes denen der Jägers weit überlegen. Erfolgreiche Schwarzwildjagd setzt voraus, sich dessen bewusst zu sein.

Äugen

Der Gesichtssinn des Schwarzwildes ist am schlechtesten ausgeprägt. Den ruhig verharrenden Jäger nehmen Sauen nur in Ausnahmefällen wahr, und einer im Mondlicht brechenden Rotte kann man sich geduckt bis auf wenige Meter nähern, ohne von Ihr bemerkt zu werden, wenn man keine hastigen Seitwärtsbewegungen macht.

Durch die Lage der Lichter im Schädel können Sauen nicht nach hinten äugen, ohne den Wurf zu wenden.

Vernehmen

Die Teller des Schwarzwildes sind keine beweglichen „Schalltrichter“ wie die Gehöre anderen Schalenwildes. Sie können weder merklich vor- noch rück- oder seitwärtsgestellt werden! Will eine Sau ein Geräusch sicher orten, wendet sie sich deshalb mit dem gesamten Körper spitz der Geräuschquelle zu.

Sauen vernehmen außerordentlich gut. Alles in allem bewegen sie sich, wenn sie nicht sehr vertraut sind, leise, fast lautlos und sind dabei sehr „hellhörig“. Sie verlassen sich normalerweise auf ihr feines Gehör.

Stehen sie allerdings vertraut im Gebräch, scheinen sie trotz ihres guten Gehörs fast taub zu sein. Wahrscheinlich

Schräg seitlich am Schädel sitzen die Lichter des Schwarzwildes. Trotzdem können unsere Sauen nur nach vorn und nicht – wie afrikanische Warzenschweine – zur Seite äugen.

Sauen können nicht mit ihren kaum beweglichen Tellern „spielen" wie z. B. Rehe mit ihren Lauschern. Einem Geräusch wenden sie sich deshalb mit dem ganzen Körper zu.

überlagern die Geräusche des Wühlens und Brechens im Boden sowie der Kommunikation untereinander die des Jägers. Man kann die Schwarzkittel verhältnismäßig problemlos angehen oder -kriechen.

Ein einzelnes Stück anzupirschen, ist nur unter besten Bedingungen – bei feuchtem Boden, leichtem Pulverschnee usw. – ratsam. Schon das Rascheln trockener Blätter, leise Brechen eines Zweiges unter den Schuhsohlen oder das metallische Klicken des Stechers vernimmt Schwarzwild noch auf 50 m Entfernung, sichert oder flüchtet sofort.

Geruchs- und Geschmackssinn

Das Witterungsvermögen des Schwarzwildes ist herausragend. Sauen wittern bei entsprechenden Windverhältnissen Menschen, Artgenossen und bestimmten Fraß auf mehrere Hundert Meter Entfernung. Wissenschaftler behaupten, ihre Nasenleistung übertrifft die von Hunden um ein Vielfaches.

Schwarzwild bevorzugt leicht verdauliche Kost. Geruchs- und Geschmackssinn hängen eng zusammen, und so sind Sauen als „Feinschmecker" bei der Suche

>TIPP

Sauen sind wählerisch. Sogenannte Industriekartoffeln schätzen sie weit weniger als „festkochende“ Sorten. Letztere sind vor ihnen niemals sicher.

Sauen wittern exzellent: Ihre „Steckdose“ erfasst feinste Geruchspartikel. Deutlich schlechter ist das Sehvermögen.

nach Fraß sehr wählerisch. Sie verschmähen sogar bestimmte Züchtungen von Hackfrucht- und Getreidesorten, während sie für andere viele Kilometer weit ziehen.

Merkfähigkeit

Sauen besitzen ein phänomenales „Gedächtnis“ und erinnern sich noch nach mehreren Jahren an bestimmte Vorkommnisse, seien sie mit guten oder schlechten Erfahrungen verbunden. Erstaunlich ist, wie schnell sie sich an regelmäßig auftauchende „Gefahren“ wie Jogger, Wanderer mit Hunden oder Reiter gewöhnen und sie als ungefährlich einstufen können, bei ungewohnten, fremden Geräuschen oder Gerüchen aber sofort mit Flucht reagieren. Sie wissen auch genau, auf welchen Wegen sich Erholungssuchende üblicherweise bewegen, und halten das gut aus. Verlassen Menschen aber die gewohnten „Bahnen“ und laufen nur wenige Meter in den Bestand hinein, reagiert das Schwarzwild meist mit sofortiger Flucht.
Diese Fähigkeit und diesen Verhalten zeigt übrigens auch das Rehwild.

Schwarzwild im Revier

Revierzeichen des Schwarzwildes

Auffällige Spuren verraten dem Jäger, wenn Schwarzwild im Revier ist oder war. Trotz seines heimlichen Lebens und vorsichtigen Verhaltens sind die Stellen im Boden, an denen nach Fraß gebrochen wurde, offensichtlich. Außerdem findet man Fährten, Losung sowie die bereits beschriebenen Suhlen, Malbäume, Scheuerstellen, Lager oder Kessel.

Trittsiegel und Fährtenbild

Häufiger als beim übrigen europäischen Schalenwild zeigt das Trittsiegel des Schwarzwildes, auch des vertraut ziehenden, seitlich hinter den Schalen den Abdruck der halbmondförmigen Afterklauen.

Die Spitzen der Schalenabdrücke sind bei reifen Stücken auf annähernd gleicher Höhe, während bei jüngeren Sauen die äußeren Schalen mitunter etwas länger als die inneren im Boden abgedrückt werden.

Sind bei leichtem Pulverschnee die einzelnen Fährtenabdrücke nicht sicher dem Schwarzwild zuzuordnen, sollte man dem Wechsel in die Dickungen folgen. Entweder findet man Stellen, an denen gebrochen wurde, oder der Schnee ist in geringerer Höhe abgestreift als bei anderem Hochwild.

>TIPP

Das Geäfter des Schwarzwildes sieht man zwar häufiger als das anderen Schalenwildes, aber anders, als es die meisten Lehrbücher behaupten und zeichnerisch darstellen, längst nicht immer! Auf vergleichsweise hartem und trockenem Untergrund sucht man auch das Geäfter von Sauen vergeblich.

In höherem Schnee erkennt man mitunter auch eine Rinne, die die Sauen mit ihrem Brustkorb gezogen haben.

Starke Trittsiegel zusammen mit solchen von Frischlingen stammen außerhalb der Rauschzeit fast immer von älteren Bachen, weil Keiler als Einzelgänger ihre Fährten ziehen und gesunde Bachen erst kurz vor dem Frischen die Rotte verlassen. Es wird deshalb beim Abfährten kaum zu Verwechslungen kommen.

Losung

Sobald Sauen ihre Ruhephase beendet haben und das Lager verlassen, lösen sie sich und nässen. Die grauschwarze bis dunkelbraune Losung aus wurstförmigen Ballen ist je nach Fraß im Winter fest, im Sommer breiig.

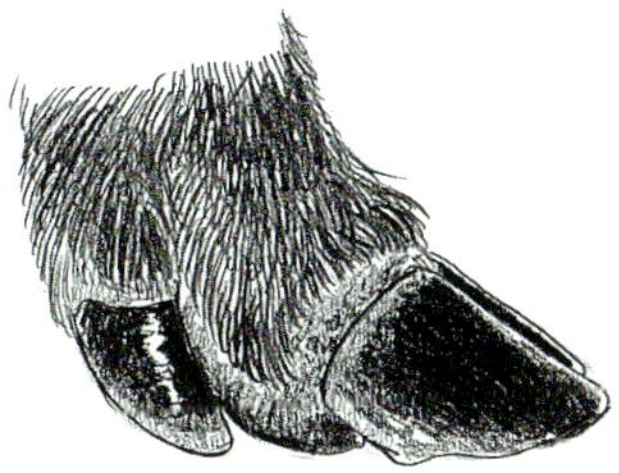

Oben: Sauen treten flacher auf als anderes Schalenwild. Ihr Oberrücken – das Geäfter – drückt sich daher öfter mit ab als bei Rotwild, Reh und Co. Aber auch nicht immer, sondern nur auf etwas weicherem Boden.

Rechts: Schwarzwildfährten, links ziehend, rechts flüchtig. Die Schrittweite des ausgewachsenen Stücks beträgt 35 bis 40 cm. Das wiedergegebene „Doppelgeäfter" infolge Überlagerung von vorderem und hinterem Tritt findet sich immer wieder auch in anderen Darstellungen, ist so aber fast nie wirklich sauber zu sehen.

Unten: Trittsiegel gewogener Sauen. Von li. nach re.: 1. Frischling (Originalmaße gesamter Tritt ca. 6,5 cm Länge x 5 cm Breite); 2. ältere Bache von 70 bis 80 kg (Original ca. 11,5 x 8,5 cm); 3. älterer Keiler von gut 100 kg (Original ca. 15,5 x 12 cm)

>TIPP

Anders als beim übrigen Schalenwild gibt die Größe der von Sauen abgesonderten Losungsballen gewisse Hinweise auf die Stärke des zugehörigen Stücks. Die Losungsperlen der Wiederkäuer sind dagegen immer annähernd gleich groß.

Das Verdauungssystem von Sauen ist einfacher angelegt als das von Wiederkäuern und sie verdauen den Fraß nicht immer vollständig. In der Losung findet man deshalb mitunter noch unverdaute Nahrungsbestandteile wie Getreidespelzen, Maiskornschalen, Obstkerne, Tierhaare, Knochen usw., woraus oft zu schließen ist, ob das betreffende Stück im Wald oder im Feld gefressen hat.

Sonstiges

Zur Rauschzeit markieren Keiler mit hellem schaumigem Speichel an Ästen und Bodenbewuchs. Diesen „Keilerschaum" zu entdecken, erfordert aber etwas Glück.

Sind Sauen nicht weit entfernt oder kurz zuvor durchgewechselt, bleibt ihr artspezifischer, maggiähnlicher Geruch selbst der menschlichen Nase nicht verborgen.

Rehe meiden Sauen. In Revieren, in denen Schwarzwild relativ selten vorkommt – sofern es die noch gibt – und das Rehwild nicht daran gewöhnt ist, verrät mitunter dessen Schrecken die Anwesenheit von Sauen.

Keiler mit Schaum vor dem Gebrech. Mit etwas Glück kann der Jäger zur Rauschzeit diese zur Markierung abgestreiften Flocken entdecken.

Ansprechen

Für das Einordnen einer Sau in die richtige Altersklasse liefern deren Gestalt, Bewegung und Verhalten die besten Anhaltspunkte.

Möglichkeiten und Grenzen

Kindlich wirkendes, übermütiges, schlankes, argloses Jungwild wird mit zunehmendem Alter stärker, kräftiger, massiger, vorsichtiger, bedächtiger. Schwarzwild macht da keine Ausnahme. Einzelne Stücke auf Alter und Geschlecht anhand von Größe bzw. Gewicht anzusprechen, ist wegen unterschiedlicher Frischzeiten und daraus resultierender Stärke aber fast unmöglich.

In der Rotte unterscheidet man durch Vergleich der Proportionen und des Sozialverhaltens leichter. Einzeln gehende Stücke, die in der Regel nicht geschossen werden dürfen, sind hingegen besonders schwierig anzusprechen.

Frischlinge und Überläufer anzusprechen, ist allein anhand der Größe und Stärke meist einfach.

Verfärben

Mitunter bestätigt das Verfärben Hinweise auf das Alter. Im Frühsommer tragen nicht führende Stücke als Erste einer Rotte ihre glatte Sommerschwarte.

Überläufer und Keiler verlieren ihr Winterhaar früher als Bachen und sehen schon hell und nackt aus, wenn führende Bachen noch in der Winterschwarte stecken. Solche Bachen erkennt man außerdem an ihrer knochigen Figur mit leichtem Senkrücken, Hängebauch und meistens auch an der Milchleiste.

Im Herbst ist es umgekehrt: Während Erstere bereits ihre dunkle Winterschwarte tragen, wirken die Bachen noch wie kurz geschoren und im Haar vergleichsweise hell. Die Versorgung der Frischlinge zehrt an den Kräften!

Frischlinge und Überläufer

Wenn sich die Bachen zum Frischen von der Rotte zurückziehen, ist es verhältnismäßig einfach, die vorjährigen Frischlinge – beziehungsweise ab dem 1. April Überläufer – anzusprechen. Die Streifenfärbung der Frischlinge beginnt sich nach etwa zwei Monaten zu verwischen und ist mit fünf bis sechs Monaten verschwunden.

Im Vergleich zu älteren Stücken ist ihre erste Winterschwarte rotbraun und bei gutem Licht problemlos zu erkennen. Wurden sie zum „normalen" Termin, also im März oder April, gefrischt, wiegen sie im August ungefähr 15, im Oktober 20 bis 25 und im Winter bis 35 kg.

Bis dahin ist es nicht schwierig, sie anzusprechen, weil sie sich durch ihre geringe Stärke abheben. Ein weiteres Erkennungsmerkmal ist die kurze, „kindliche" Form des Wurfes und der kurze dünne Pürzel ohne Quaste.

Frischlinge nach ihrem Geschlecht zu unterscheiden, ist kaum möglich und für die Bejagung ohne Bedeutung.

Überläufer zeigen bis zum Haarwechsel im Frühjahr immer noch ihre bräunliche Haarfärbung, sie verliert sich erst im Mai/Juni allmählich.

Dunkle und silbergraue Stücke

Führende Stücke wechseln ihr dunkles Winterhaar im Frühjahr später. Bei silbergrauen Stücken in einer Rotte mit sonst dunkel gefärbten Sauen handelt es sich um nicht führende Bachen oder Keiler.

>INFO

„Frischlingsüberläufer"

Frischlinge, die zwischen Juli und November gefrischt werden und heute häufiger auftreten als noch vor 30 Jahren, gelten per definitionem ab 1. April des Folgejahres ebenfalls als Überläufer. Sie fallen zumeist durch ihre schwache Konstitution auf, sind daher gut anzusprechen und bevorzugt zu erlegen .

Führende Bachen tragen bis in den Juli hinein reichlich Winterborsten, besonders die langen schwarzen Federn am Kamm fallen auf und unterscheiden sie so von Überläufern und Keilern, deren Schwarte bereits im kurzen grauen „Sommerborstenkleid" steht.

Juni: Führende Bachen verlieren das Sommerhaar recht spät.

Bache in der Sommerschwarte

Überläufer erreichen im Spätsommer ein Gewicht von bis zu 60 kg und können im Winter sogar über 70 kg wiegen.

Sie wirken wesentlich hochläufiger als Frischlinge und ihre Rückenpartie zeigt sich gestreckter. Der Kopf erscheint lang, schmal und nicht mehr so „kindlich". Ihr Pürzel reicht mit der noch kaum entwickelten Quaste manchmal bis zum Fersengelenk. Länge des Pürzels und Stärke der Quaste sind aber kein sicheres Ansprechmerkmal.

Alter und Verhalten

Überläuferbachen leben, im Gegensatz zu gleichaltrigen Keilern, meistens in der Rotte. Unterscheidungsmerkmale zu älteren Bachen sind vor allem die verhältnismäßig gerade Rückenlinie und eine gewisse Hochläufigkeit der einjährigen Stücke.

Überläuferkeiler lösen sich mit etwa eineinhalb aus der Rotte bzw. werden daraus verdrängt und ziehen dann einzeln, oft auch in kleinen „Junggesellentrupps" umher. Sie zeigen sich dabei meist ziemlich unbekümmert und auch orientierungslos und sind deshalb in dieser Zeit vergleichsweise leicht zu erlegen. Starke jagdliche Eingriffe wirken sich allerdings nachteilig auf die Gesamtpopulation aus, weil diese Keilerchen wichtig für eine gesunde Altersstruktur sind.

Spät gefrischt – Frischling im Winter: bräunliche Farbe, Kopf und Pürzel kurz, keine Quaste

Überläuferkeiler in der Winterschwarte: Kopf kurz und gedrungen, Hals noch sichtbar, Waffen nur auf kurze Distanz ansatzweise zu erkennen: Ob Keiler oder Bache – erlegt werden darf das Stück auf jeden Fall.

Geringe Bache, mittelalt, mit lang gestrecktem Kopf. Wenn sie nicht mehr säugen, müssen solche Bachen vorzugsweise gestreckt werden.

Alte starke Bache: Wenn sie führt und erfahren ist, kommt so eine Bache auf der Drückjagd oft allein vor den Hunden.

Junger Keiler: Der Kopf setzt scheinbar fast naht- bzw. „halslos“ am Rumpf an.

Ein wahrer „Basse“: Kopf, Hals und Vorderkörper „am Stück“, abfallende Keulen und „Karpfenrücken“ – die Körpermasse liegt vorn. Wenn erkannt, geben die „blitzenden“ Gewehre letzte Gewissheit.

Überläuferbachen bleiben meistens in der Rotte der Mutterbache. Hierauf ist bei gemischten Rotten genau zu achten, da Überläuferbachen bereits innehaben oder schon führen können. Nach der Körpergröße allein lassen sich Überläufer später nicht mehr sicher von jungen Bachen oder Keilern unterscheiden.

>TIPP

Achtung! Haben säugende Bachen einen ausgeprägten Strich im Gesäuge, kann der irrtümlich für den Pinsel eines Keilers gehalten werden!

Gestalt

Gestalt und äußere Erscheinung geben die zuverlässigsten Hinweise auf das Alter mehrjähriger Sauen.

Bache oder Keiler?

Haben Sauen ihren 24. Lebensmonat beendet, also ihr drittes Lebensjahr erreicht, bezeichnet man sie als Keiler beziehungsweise Bache. Bei ihnen ist das Ansprechen nach Geschlecht einfacher. Der Keilerkopf wirkt im Gebräch, an den Backen und der Stirn massiger, der der Bache länger und spitzer.

Bachen haben im Vergleich zum gedrungenen, im Rückgrat höher gewölbten Bau der Keiler eine länger gestreckte Körperform. Die Bauchlinie wirkt bei Keilern durch den Pinsel stumpfwinkliger als die mehr abgerundete der Bache.

Die Länge des Pürzels ist kein sicheres Unterscheidungsmerkmal, obwohl er in der Regel beim Keiler kräftiger entwickelt ist, bis fast an den Oberrücken reicht und in einer langen dicken Quaste endet.

„Hosenflicker“ oder Basse?

Schwierig ist das Unterscheiden mittlerer und reifer Keiler, weil Ernährungszustand und individuelle Eigenschaften oft verschieden sind.

Der meistens gesenkt gehaltene schwere, stumpf anmutende Kopf mit deutlich aufgeworfener Oberlippe, aus der die Gewehre herausragen, der „Backenbart“ und die stark behaarten Teller sind ausgeprägteste Merkmale eines älteren Keilers. Sein Hauptgewicht ruht auf den massigen Vorderhämmern und fällt zu den Keulen hin deutlich ab. Ein Hauptschwein erscheint hinten wesentlich kürzer und schwächer als in der Vorderpartie (wie beim Rothirsch).

Hauende Schweine haben oft einen ausgeprägten „Karpfenrücken“ und einen stumpfwinkligen Hängebauch, der einen geringen „Bodenabstand“ vortäuscht.

Je älter Keiler werden, desto stärker fällt ihre Rückenlinie zu den Keulen hin ab, und die Hauptmasse des Wildkörpers verlagert sich mehr auf die vordere

Flüchtiges Wild und wenig Zeit: Auf der Bewegungsjagd ist das korrekte Ansprechen von Sauen deutlich schwieriger als bei der Einzeljagd.

Körperpartie. Das bedeutet aber nicht, dass die Reife eines Keilers sicher nach dem Gewicht zu beurteilen ist. Nicht die Hauptschweine von sechs, sieben Jahren bringen das meiste Gewicht auf die Waage, sondern angehende oder hauende Schweine.

Bei jungen Keilern erkennt man in der hellen Sommerschwarte unter günstigen Bedingungen das Kurzwildbret sowie den Pinsel und am Gebräch bereits Haderer und Gewehre, die den Wurf breiter erscheinen lassen als den der Bachen und mit zunehmendem Alter deutlicher hervortreten.

Ansprechen auf Bewegungsjagden

Für die Praxis genügt es zu wissen, ob man es mit Frischlingen, Überläufern, einem jüngeren, einem vollreifen erwachsenen oder sehr alten Stück zu tun hat.

Auf der Einzeljagd, wenn genügend Zeit vorhanden ist, um genau zu beobachten, mag es noch verhältnismäßig einfach sein, durch den Vergleich mit den anderen Mitgliedern des Verbandes das richtige Stück zu erkennen und zu erlegen. Auf Treib-, Drück- und Riegeljagden, an denen das Wild in Bewegung oder

Vorsicht auf der Drückjagd bei einzeln anwechselnden starken Stücken. Es sind oft genug beschlagene oder bereits führende Bachen.

flüchtig ist, wird das allerdings schnell zum Problem.

Das schwächste Stück passt immer
Das Ansprechen eines einzelnen Stücks kann schon schwierig sein, bei fast gleich starken Sauen bietet der gedrungene Körperbau der Stücke kaum Unterscheidungsmerkmale. Auch die Geschlechter ähneln einander sehr, und nur selten sieht man den Pinsel des Keilers oder die berühmten „zigarettenlangen" Gewehre aus dem Gebrech ragen. Dann wieder können auch gleich alte Sauen recht unterschiedlich stark sein.

Wechseln sie aber im Verband an, bietet das gute Vergleichsmöglichkeiten: Schießt man das schwächste Stück aus einem Verband, ist das immer richtig.

Gemischte Rotten

Die Rauschzeit findet „normalerweise" im November/Dezember statt, viereinhalb Monate später frischen die Bachen.

Diese Daten gelten leider nicht mehr überall und immer: Durch Abschuss oder anderweitigen Verlust der führenden Bache verwaiste Stücke bleiben in der Entwicklung zurück, rauschen und frischen unregelmäßig, sodass man von Januar bis in den Spätherbst hinein kleine Frischlinge beobachten kann.

Wenn diese die Mutterbache begleiten, gesellen sich auch Überläuferbachen (Frischlinge des Vorjahres) dazu. In so einer „gemischten" Familie mit zwei oder drei Bachen sowie dies- und vorjährigem Nachwuchs ist es einfach, Vergleiche anzustellen.

Starke Frischlinge sind unter normalen Verhältnissen im September/Oktober zwar schon grobborstig ins dunkle Winterhaar verfärbt, heben sich aber noch bräunlich mit angedeuteten helleren Streifen von grauschwarzen Überläufern ab.

Frischlinge, die zur Drückjagdzeit noch deutliche Streifen tragen, wurden meistens spät gefrischt oder sind krank. Erlegt man auf einer Drückjagd eines der schwächeren Stücke aus einer Rotte, ist das in der Regel ein Frischling oder Überläufer.

> **›TIPP**
>
> *Wechseln auf der Drückjagd starke Sauen den Jäger einzeln an, sind das nicht „automatisch" Keiler. Gerade erfahrene Bachen ziehen scharf jagende Hunde oft ganz gezielt auf sich und locken sie vom Nachwuchs fort.*

Starke Einzelgänger

Bei einzeln ziehenden Sauen ist größte Vorsicht geboten. Es sind meistens nicht die erhofften starken Keiler, sondern hoch beschlagene Bachen, die sich kurz vor dem Frischen von der Rotte abgesondert haben, oder bereits führende Bachen, deren Nachwuchs noch im Frischkessel abgelegt ist.

Keiler erreichen normalerweise im Herbst, Bachen aber erst im Winter, wenn viele Keiler schon abgerauscht sind, ihr jährliches Höchstgewicht. Daher ist die Körperstärke zur Unterscheidung der Geschlechter am Jahresende weniger geeignet.

Während einer Drückjagd im November/Dezember kann als letztes Stück der Rotte, hundert oder mehr Gänge später, noch ein Keiler folgen. Besonders wenn die alten Herren abgerauscht sind, verlassen sie sich manchmal auf die Erfahrung einer Leitbache. Trotzdem muss auch dort immer gelten: Vorrangig zu erlegen ist stets das schwächste Stück eines Verbandes, im Zweifel den Finger gerade lassen!

Die Bejagung des Schwarzwildes

Die Einzeljagd auf Sauen

Viele reizvolle Jagdarten sind in den letzten Jahren verboten worden oder infolge der veränderten Kulturlandschaft beziehungsweise des Rückgangs mancher Wildarten nicht mehr lohnenswert. Das Anspringen des balzenden Ringeltaubers, die Jagd auf Seehunde – das „Hochwild der Meere" –, die Hüttenjagd mit dem „Auf", der Anstand beim Schnepfenstrich, die Suche auf Rebhühner im Feld oder die Streife auf Bekassinen sind – um nur einige Jagdarten zu nennen – im Lauf der vergangenen Jahrzehnte in Vergessenheit geraten und gehören weitgehend der Vergangenheit an.

Kleine „Drückerchen" mit nur zwei, drei Schützen auf Sauen sind heute eine Seltenheit.

Ähnliches gilt auch für die Schwarzwildjagd. Auf dieses Wild werden Jagdmethoden wie das Kreisen, Drückjagden mit nur zwei, drei Schützen, das Ausgehen der Fährten im Schnee oder die Einzeljagd mit Hunden kaum noch ausgeübt.

Wind und Wetter

Auf den Einfluss von Witterung und Wind für das Verhalten des Wildes und damit deren Bedeutung für die Jagd wurde im Abschnitt „Praxistipps Rehwildjagd" (S. 16 f. und 50 ff.) bereits eingegangen.

Das Witterungsvermögen des Wildes zu bedenken und auf den Wind zu achten, ist insbesondere bei der Jagd auf Sauen Grundvoraussetzung.

„Sauwetter ist Sauenwetter": Schwarzwild hat ein feines Gespür für Wetterumschwünge, ist recht witterungsunempfindlich.

Die „Unberechenbarkeit" des Windes und der Zusammenhang zwischen Wind-und Geländeverhältnissen muss natürlich auch und gerade bei der Jagd auf Sauen mit deren einzigartigen Witterungsvermögen penibel berücksichtigt werden. Ohne exakte Prüfung des Windes und dessen Berücksichtigung ist der Versuch, Sauen zu bejagen, vollkommen sinnlos.

Gutes und schlechtes „Sauenwetter"

Feuchtwarmes Wetter und aufziehende Gewitter aktivieren Sauen, bei Schneefall und Sturm bleiben sie lieber im Einstand. Klart der Himmel auf, sind sie ebenso wie vor einem nahenden Gewitter besonders aktiv, verlassen den Wald, um auf Freiflächen zu brechen, denn durch die Geräusche der fallenden Tropfen von den Bäumen auf den Erdboden werden sie verunsichert.

Genau so wie das Rehwild und vieles andere Haarwild sind Sauen an windigen Tagen eher inaktiv, weil starker Wind die Möglichkeit zur „Feindortung" mithilfe des wichtigen Geruchssinns beeinträchtigt (s. S. 17).

Sauen sind „hart im Nehmen"

Im Großen und Ganzen ist Schwarzwild verhältnismäßig wetterunempfindlich,

Kälte und hohe Schneelage können zu erheblichen Abgängen unter den Frischlingen führen. Aber solche Winter werden zunehmend seltener.

>INFO

Feine Wettersensoren

Sauen fühlen den Wechsel weitaus früher als Menschen. So kann man sie mitunter zwar bei strömendem Regen beobachten, bleiben aber oft versteckt, obwohl sie nach unserem Dafürhalten aktiv sein müssten, weil sich eine Schlechtwetter-front nähert. Wild reagiert wegen des frühzeitigen Wahrnehmens eines bevor-stehenden Wetterum-schwungs, den der Mensch erst bei dessen Eintreffen wahr-nimmt, für uns „zeitversetzt".

man beobachtet es bei strömendem Regen genauso wie bei Schlackschnee, es liebt offensichtlich typisches „Sau-wetter", es sei denn, der Boden ist so hart gefroren, dass es nicht mehr nach Fraß brechen kann.

>TIPP

Heiße Luft und intensiver Wind trocknen den Windfang und die Geruchsschleimhäute des Wildes und auch der Schwarzkittel aus. Das verunsichert die Sauen, weil sie ihren wichtigen Geruchssinn nicht optimal einsetzen können.

Denkbar einfach ist die Windprüfung mit trockenem Gras.

Auf lang anhaltende Perioden extremer Kälte reagiert Schwarzwild wie fast alles Wild empfindlich. Bestand vorher keine Gelegenheit, genügend Feistreserven zu bilden, besteht nun die Gefahr der Unterkühlung, für Frischlinge manchmal mit Todesfolge.

Witterungsbedingte Abgänge unter den Frischlingen in deren ersten Lebenstagen sind in unseren Breiten neben der Jagd auch der nahezu einzige Regulationsfaktor für das Schwarzwild. Kalte, schneereiche oder sehr nasse Frühjahre können dessen tatsächlichen Zuwachs in einzelnen Jahren spürbar senken.

Wind und Windprüfung

Für die Pirsch auf Sauen gilt natürlich dasselbe wie beim Rehwild: Gegen den Wind endet die Pirsch rasch an der Reviergrenze des Nachbarn, mit halbem Wind kann man große Flächen des eigenen Revieres abpirschen. Wie bereits erwähnt, fällt das in der Ebene vergleichsweise leicht, weil dort die Windrichtung im Tages- und Jahresverlauf, von außergewöhnlichen Wetterereignissen einmal abgesehen, kalkulierbar ist.

>INFO

Der Kanzel-„Wetterhahn"

In ein Fenster meiner Kanzeln oder an einen Zweig vor Leitern hänge ich einen dünnen Faden, an den ein paar Federn oder ein Büschel Gras geknotet sind. Diese Konstruktion reagiert auf die schwächste Windströmung. Das ist während des Ansitzes hilfreich. Schon beim Angehen erkennt ich die „Windfahne" und weiß mit einem Blick durch das Fernglas, ob es sinnvoll ist, diesen Ansitz zu wählen.

Auf die Besonderheiten des Windes, die sich aus der Geländeformation, an Gewässern, im Gebirge oder auch an Waldrändern ergeben, wurde im Abschnitt „Praxistipps Rehwildjagd“ (S. 51 ff.) bereits näher eingegangen, ebenso auf verschiedene Möglichkeiten der Windprüfung. Auf die Ausführungen wird hier nur noch einmal verwiesen.

Ein zusätzlicher kleiner Trick, die Windverhältnisse am Ansitzort frühzeitig feststellen zu können, ist im Kasten auf Seite 145 erläutert.

Auf den Vorteil von Sitzen mit geschlossener Rückseite und halb geschlossenen Seitenwänden sei hier noch einmal hingewiesen.

Tipps für Raucher

Für Zigarettenraucher – die soll es ja noch geben – gilt während des Ansitzes: Tabakrauch steigt (wegen der höheren Temperatur) normalerweise nach oben und stört bei der Jagd daher kaum.

Eine vom Hochsitz geworfene Kippe aber stinkt und wird vom Wild auf größere Entfernung wahrgenommen. Auch die an der Brüstung ausgedrückte Zigarette vergrämt das Wild. Raucher sollten auf Kanzeln daher stets ein Glas mit Schraubdeckel haben. Halb mit Wasser gefüllt, werden darin glühende Kippen geruchsfrei gelöscht und später umweltschonend „entsorgt“.

Die Glut der Zigarette sollte immer mit der hohlen Hand verdeckt werden.

Der Ansitz

Neben groß angelegten Drückjagden ist vor allem die Einzeljagd auf dem Ansitz, seltener die Pirsch, die vorherrschende Jagdart auf Sauen.

Beim Ansitz ist der Jäger zu einer gewissen Passivität verurteilt. Er erwartet die Sauen in guter Deckung, bei günstigem Wind an den Fraßplätzen, Wechseln, Luderplätzen, Suhlen, Salzlecken,

Auch Sauen werden überwiegend „passiv“ vom Hochsitz aus bejagt.

Fantasielose „Dauerbelagerung" verspricht gerade beim lernfähigen Schwarzwild kaum Erfolg.

Kirrungen, Wildäckern oder anderen vom Schwarzwild bevorzugten Plätzen, um es zu beobachten oder zu erlegen.

„Dauerbelagerung" schadet

So, wie man ein Revier „leer pirschen" kann, so kann man es auch durch allzu häufiges Ansitzen wildleer bekommen oder zumindest so beunruhigen, dass man kaum noch Wild bei Büchsenlicht sieht. Jeder Ansitz bedeutet „geruchliche Belästigung", also Störung des Wildes. Daher gilt es, schnell zu Schuss zu kommen und so die Einstände möglichst wenig zu stören, nicht aber, in kurzen Abständen tage- oder gar wochenlang an derselben Stelle zu sitzen.Belagert der Jäger fantasielos, Abend für Abend, Morgen für Morgen, dieselben Hochsitze, ohne nach anderen Möglichkeiten zu suchen, wird er kaum Anlauf haben, denn Sauen sind lernfähig, haben ein gutes Gedächtnis und meiden Orte, die sie mit „schlechten Erfahrungen", sprich häufiger menschlicher Wittrung verknüpfen.

Sicher ansprechen, sicher schießen

Ansitzen hat den Vorteil, dass sich der Jäger im Gegensatz zur Pirsch kaum bewegen muss und, richtig ausgeübt, die Sauen nicht übermäßig beunruhigt werden. Außerdem kann der Jäger das Wild vom Hochsitz aus in Ruhe ansprechen, er findet in der Regel eine sichere Auflage für die Büchse und hat von erhöhter Warte aus fast immer Kugelfang.

Während des Ansitzes die Ansitzeinrichtung zu wechseln, womöglich noch mehrmals, ist nicht Sinn dieser Jagdart. Leiter oder Kanzel sollten nach gründlichen Vorüberlegungen rechtzeitig und bis Schwinden des Büchsenlichts bezogen werden, damit die mit dem An- und Abmarsch verbundenen Störungen vom Wild „vergessen" werden und die Unruhe, sprich Gefahr, nicht direkt mit der Leiter oder Kanzel in Verbindung gebracht wird.

Wahl des Ansitzplatzes

Dass es wenig bringt, nur irgendwo auf gut Glück anzusitzen, sondern wesentlich erfolgreicher ist, dies an den von Sauen häufiger aufgesuchten Stellen zu tun, bedarf eigentlich keiner näheren Erwähnung. Nur an solchen Plätzen hat man abends gute Chancen und kann die Sauen morgens beim Einwechseln in die Tageseinstände abpassen.

Abends verspricht also der Ansitz an den Fraßplätzen des Schwarzwildes Erfolg, morgens passt man sie am Wechsel von diesen Plätzen zu ihren Einständen ab.

Liegen Tageseinstände, Felder oder Wildäcker weit auseinander, kommen die Sauen abends spät und ziehen morgens schon im ersten Licht wieder ein.

> **›TIPP**
>
> *Verwittert man nachts den Wechsel zum Tageseinstand, beispielsweise durch eine künstliche Duftspur, werden Sauen zu einem Umweg veranlasst und erscheinen mitunter noch bei gutem Büchsenlicht am Rande des Einstands.*

Bringt der Abendansitz keinen Anblick, bleibt man im Sommer im Idealfall über Nacht draußen und wartet den morgendlichen Rückwechsel ab, um möglichst wenig zu stören.

An Grenzlinien mit Vorbehalt

Die auf Seite 54 geäußerten Vorbehalte gegen eine monotone Positionierung von Hochsitzen an Wald-Feld- bzw. Wald-Wiesen-Grenzen könne gerade, wenn es um die Bejagung der cleveren Sauen geht, an dieser Stelle nur noch einmal bekräftigt werden!

Ansitz am Waldrand

Zum Ansitz an einer Waldkante pirscht man besser nicht an dieser entlang, sondern parallel versetzt möglichst 50 oder mehr Meter davon entfernt und geht schließlich senkrecht auf den Ansitzort zu, da Sauen ungern eine frische menschliche Spur überqueren.

Der Ansitz auf Sauer verlangt die ungeteilte Aufmerksamkeit und Konzentration des Jägers.

Konzentriert und geduldig

Stundenlanges Ansitzen auf Sauen kann auch für einen sehr naturverbundenen Jäger manchmal eintönig werden. Dennoch: Diese Jagdart stört das Wild am wenigsten und ist für wenig geübte Jäger zu empfehlen, da die Sauen in Ruhe für den nötigen Wahlabschuss angesprochen werden können und für den Schuss eine gute Auflage gegeben ist.

Freude am Ansitzen hat nur, wer die Spruchweisheit beherzigt:

„Der Anstand, heißt es, langweilt nur.
Ich freilich kann's nicht finden.
Man darf bloß vor der Allnatur die
Augen nicht verbinden."

>TIPP

Erfahrene Stücke umschlagen den Ansitz mitunter, um sich zuerst Wind zu holen. Geraten sie schließlich in den Wind des Jägers, kann der getrost wieder heimwärts ziehen. Das lässt sich mitunter verhindern, indem der Anmarsch der Schwarzkittel mit minimalen (Mais-)Gaben – zur erhöhten Lockwirkung in Anisöl oder Maggi getränkt – so gelenkt wird, dass sie auf der Maisspur und der Hauptwindrichtung anwechseln.

Ansitz an der Kirrung

Der Ansitz an einer Kirrung kann viel Geduld erfordern. Wie auch beim „normalen Ansitz" ist es aber deshalb nicht ratsam, an möglichst vielen Kirrstellen abends, nachts oder morgens sein Glück zu versuchen. Immer wird die warme Spur und die frische Witterung des Jägers zwischen den einzelnen Plätzen die Schweine beunruhigen und misstrauisch machen.

Zu früh schießen: kontraproduktiv

An einem Kirrplatz im Wald beschossene Sauen meiden den Ort mit schlechten Erfahrungen für längere Zeit, ziehen in die Felder und richten dort Schaden an. Daher sollte an Kirrungen – liegen sie nicht am Feld-Wald-Rand oder in der Nähe gefährdeter Flächen – erst geschossen werden, wenn die Äcker abgeerntet sind. Durch Jagdruhe im Wald wird Wildschaden im Feld vermieden.

Wurde Schwarzwild beim Fraß vertreten oder durch einen Schuss gestört, kommt es in den nächsten Stunden selten oder nur, wenn Not herrscht, zurück. In Notzeiten aber darf an Kirrungen auf keinen Fall geschossen werden!

Keiler und Bachen an der Kirrung

Reife Keiler meiden Ablenkfütterungen, wenn dort regelmäßig andere Sauen erscheinen. An verschwiegenen Kirrungen im Wald hat man aber die Chance, auch einen alten Bassen zu erlegen.

Rangniedere, führende Bachen werden an Kirrplätzen von starken Bachen dann oft abgeschlagen und stehen abseits der Rotte, ihre Frischlinge werden allerdings geduldet. Deshalb sind langes Beobachten und genaues Ansprechen besonders wichtig.

Ansitz und Schussentfernungen

Der Schuss von der Kanzel ist gefallen, die Sau im hohen Gras zusammengebrochen. Nach einer „Zigarettenlänge" Wartezeit steigt der Schütze von der Leiter und sucht den Anschuss. Doch dort, wo er ihn vermutet, liegt keine Sau.

Verunsichert schreitet der Jäger einige Meter weiter, schaut zweifelnd nach dem Hochsitz, geht zurück, prägt sich von dort noch einmal alle Einzelheiten über den Standort des beschossenen Stücks ein und zieht wieder los. Die Sau ist wie vom Erdboden verschluckt. Hier kann nur noch ein guter Hund helfen.

Der findet sie 50 m hinter dem vermuteten Anschuss. Ein ungläubiger Blick zurück zur Kanzel: „So weit soll ich geschossen haben?"

Im günstigsten Fall liegt das Wild in der Nähe, oft aber muss nachgesucht werden, und das nur, weil der Schütze die Distanz falsch taxiert hat.

Falsche Schätzung bringt Verdruss

Das richtige Einschätzen von Entfernungen und die Kenntnis ballistischer Geschossdaten sind beim Jagen immens wichtig, denn mit unterschiedlichen Schussdistanzen ändert sich auch die Treffpunktlage eines Gewehres, respektive Geschosses. Der korrekte Haltepunkt, um das Geschoss auf den richtigen Fleck zu platzieren, kann nur ermittelt werden, wenn die Schussentfernung bekannt ist. Dabei kommt es nicht auf wenige Meter an, aber ein Danebenliegen um 30, 40 Schritte kann schon zu Verdruss führen.

Auf dem Schießstand weiß man exakt, in welchem Abstand sich das Ziel befindet, in der Natur muss das Taxieren von Entfernungen geübt werden.

Viele Faktoren erschweren es, das richtige „Gefühl" für den Abstand zum Wild zu entwickeln. Da ist die Unruhe, die Nervosität des Schützen vor der Schussabgabe. Hinzu kommt, dass im Wald, auf Schneisen oder Wegen jedes Objekt weiter entfernt erscheint als auf einem Feld oder einer Wiese. Über ein Tal hinweg schätzt man die Entfernung meistens geringer, als sie tatsächlich ist.

Sauen in hohem Bewuchs oder hinter einer Anhöhe mit ihren Läufen bis in Rumpfhöhe verdeckt, wirken größer und sind entfernungsmäßig besonders schwer einzuschätzen. Aus der Deckung heraus, womöglich aus Ansitzlöchern mit kleinem Ausblick, überschätzt man den Abstand besonders leicht.

Wie weit? Entfernungen zu schätzen, fällt ungeübten Jägern oft gar nicht leicht. Mit ein paar Tricks kann man es trainieren.

Schätzhilfen

Der Revierinhaber kennt in aller Regel die jagdlichen und landschaftlichen Gegebenheiten in seiner Jagd. Revierfremde Jagdgäste und insbesondere Jungjäger verschätzen sich aber schnell einmal in der Entfernung.

> **›TIPP**
>
> *Dämmerung oder Nebel „vergrößern" die Sauen, von hellem Licht angestrahltes Wild erscheint klarer und deutlicher. In allen Fällen wirkt das Wild dann näher, als es in Wirklichkeit ist.*

>INFO

So machen es die Alten

Altgediente Schwarzwildjäger, die mit Flintenlaufgeschossen Sauen bejagten, wussten sich zu helfen: Sie befestigten eine 30 m lange Schnur an ihrer Ansitzeinrichtung, spannten sie in verschiedene Richtungen, schlugen am Ende jeweils einen hellen Pflock in die Erde. Dank dieses einfachen Tricks hatten sie auch bei schwierigen Lichtverhältnissen immer die maximale Entfernung für einen Schuss mit dem Flintenlaufgeschoss vor Augen.

Groben Irrtümern kann mit den auf Seite 78 f. im Abschnitt „Praxistipps Rehwildjagd" bereits beschriebenen Hilfsmitteln (Zielfernrohr, Geländemerkmale und -markierungen) vorgebeugt werden.

Der Anschuss – weiter, als man denkt

Beim Schuss von einer hohen Kanzel aus vermutet man den Anschuss meistens zu nah, weil man den tote Winkel unter dem Hochsitz beim Schießen in normaler Körperhaltung nicht beachtet und bei der Entfernungsschätzung vergisst.

Schätzt der Jäger die Strecke bis zum Wild auf etwa 100 Meter, beträgt der tote Winkel 20, die tatsächliche Entfernung zum Stück somit also 120 m.

Der Jäger schätzt nur die für ihn einsehbare Strecke A, die Strecke B im toten Winkel vergisst er. Das führt oft zu einer Unterschätzung der wirklichen Schussentfernung D.

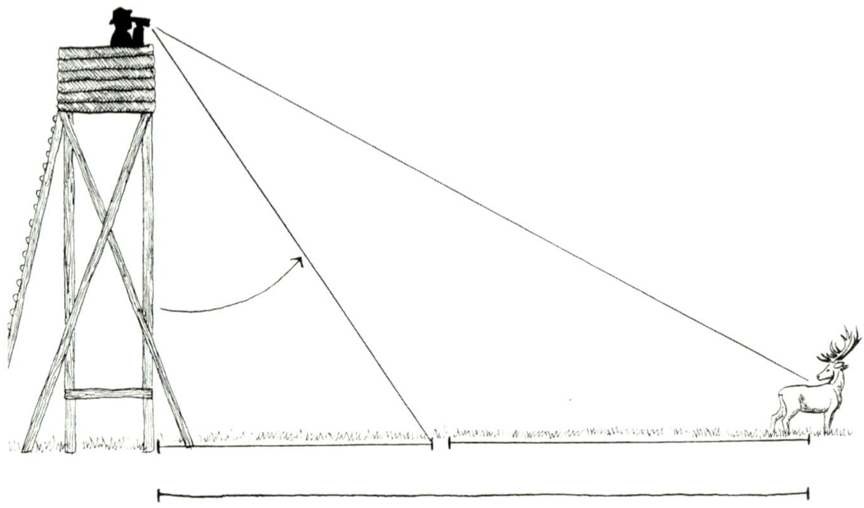

Ist der Anschuss partout nicht zu finden, muss sich der Schütze wieder dort hinsetzen, von wo er geschossen hat, die entladene Waffe auf den Punkt richten, an dem das Stück die Kugel bekommen hat, und einen Helfer zu dieser Stelle leiten. Besonders auf großen Feldern oder beim Schuss über eine Bodensenke hinweg ist diese Maßnahme hilfreich.

Übung macht den Meister

Richtiges Entfernungsschätzen lernt man durch ständiges Üben der Augen. Sie sind die besten Entfernungsmesser, wenn man sich Größe und Aussehen des Wildes auf unterschiedliche Distanzen und bei wechselnden Sicht- und Lichtverhältnissen genau einprägt und den Abstand durch Abschreiten der Strecken überprüft.

Wer sich mit weiten Schüssen auf Wild brüstet, erntet kein Ruhmesblatt. Ein Kunstschütze ist noch lange kein guter Jäger. Nur wer sich an den Grundsatz „Lieber gar nicht als zu weit schießen“ hält, hat dieses Prädikat verdient. Und: Nicht weit schießen, sondern nah heranpirschen ist eine Kunst!

Pirschen – „Krone des Waidwerks“

„Viel sehen und selbst nicht gesehen werden“ ist auch das Grundprinzip der Pirsch auf Sauen. Und auch hier hat der Waidmann den fast ausnahmslos deutlich besser ausgeprägten Sinnen des Schwarzwildes neben der Technik nur seine Erfahrungen, seine Gewandtheit und seine körperlichen Fähigkeiten entgegenzusetzen. Auch die Pirsch auf Schwarzkittel kann gerade deshalb ungemein reizvoll sein.

Am besten morgens

Tiere in Bewegung sind einfacher auszumachen als verhoffende oder ruhende, deshalb ist es Erfolg versprechender, an Tageszeiten zu pirschen, in denen die Sauen aktiv sind.

Abends drängt es die Schwarzkittel zum Fraß. Sie sind hungrig und unaufmerksam, ihr Quieken und Grunzen beim Brechen ist mitunter schon von Weitem zu hören. Am Morgen, nach dem Brechen, sind sie dagegen satt und bequem. Sie bummeln dann, mitunter auf „Umwegen“, in die Richtung ihrer Tageseinstände, hier und dort noch Fraß suchend und aufnehmend, sind unaufmerksamer und unvorsichtiger als abends, wenn sie hungrig und zielstrebig zu den Fraßplätzen drängen und meistens den kürzesten Wechsel wählen.

Die Frühpirsch ist der „Pirsch in die Dunkelheit“ auch deshalb vorzuziehen, weil Schwarzwild bei einem weniger guten Schuss nicht immer sofort am Anschuss verendet, eine Nachsuche wegen

Der Pirschjäger misst seine Sinne mit denen des Wildes. Gutes Pirschen ist kein Kinderspiel.

des schwindenden Tageslichts bis zum Morgen verschoben werden muss und das Wildbret nach warmen Nächten nicht mehr zu verwerten ist.

> **›TIPP**
>
> *Auf der Pirsch ist ein Zielstock hilfreich. Das Fernglas sollte dagegen möglichst wenig benutzt werden. Abgesehen von störenden Bewegungen kann man mit ihm die Proportionen des Wildes mitunter nicht so gut erkennen.*

Pirschen stehen statt gehen

Wie bei der Pirsch auf Rehwild gilt auch beim Schwarzwild: Der Jäger bewegt sich behutsam und registriert das Wild oft erst, wenn das verhoffende oder ruhende Stück sich bewegt oder ihn bemerkt. Er darf sich also niemals hastig bewegen! Noch einmal: „Nicht pirschen gehen, sondern pirschen stehen!"

Mondscheinpirsch

Gleich vorweg: In Rotwildrevieren ist die nächtliche Saupirsch unverantwortlich!

Wegen der Nachtaktivitäten von Schwarzwild hat man in den kurzen

Markwart, der Wächter des Waldes – beim Pirschen können uns andere Tiere verraten, aber auch Hinweise auf Sauen in der Nähe geben.

hellen Sommer- oder Mondnächten gute Erfolgsaussichten. Im Mai oder Juni sind die Sauen aber auch in der Morgen- und Abenddämmerung unterwegs.

Reift das Getreide, ist die Pirsch weniger erfolgreich, weil die Sauen in der hohen Deckung „verschwinden", einzeln ziehende Stücke kaum anzusprechen sind und ein sicherer Schuss selten anzubringen ist. Die Probleme wachsen mit den riesigen (Energie-)Mais- und Rapsflächen, wenn Schussschneisen in den Feldern oder Ackerrandstreifen fehlen.

Bei zunehmendem oder diffusem Mondlicht kann man eine Rotte direkt angehen. Scheint der Mond heller, muss der Jäger auf einen dunklen Hintergrund achten und sich ihr im Mondschatten nähern.

Pirschen, aber richtig!

Schwarzwild wittert den Menschen auf über 200 m Entfernung! Daher ist beim Pirschgang mehr auf den Wind als auf Deckung zu achten.

Die Pirsch sollte erst beginnen, wenn das Schwarzwild bereits im Gebräch steht. Dann fühlen sich die Schwarzkittel vergleichsweise sicher, sind unaufmerksamer, und ihre Fraßgeräusche übertönen die Pirschgeräusche. Trotz ihres guten Gehörs sind die Sauen dann auch gegenüber Geräuschen ziemlich unempfindlich, weil es auch in der Rotte alles andere als leise zugeht.

Sogar einzelne Sauen, die meistens aufmerksamer als in der Rotte sind, überhören den Jäger mitunter, wenn sie intensiv brechen.

Obwohl Schwarzwild nicht gut äugt, nimmt es auch bei schlechtem oder diffusem Licht auffällige und hastige Bewegungen wahr, besonders, wenn eine helle Schneefläche oder der Himmel den Hintergrund für den Jäger bildet.

Selbst wenn vertraut brechende Sauen unerwartet misstrauisch werden, weil sie etwas Verdächtiges, eine Bewegung oder ein Geräusch, vernommen haben und blasend zu der vermeintlichen Gefahr hin sichern, ist die Chance noch nicht vertan, wenn der Wind von ihnen zum Jäger weht. Oft verhoffen sie nach ein paar unschlüssigen Fluchten, um sich von der Ursache der Störung zu überzeugen.

Wald- und Feldpirsch

Im Wald fühlen sich Sauen sicherer als im Feld, brechen unbekümmerter, quietschen, schmatzen, grunzen und achten weniger auf Geräusche um sich herum.

Ist das Laub im Wald gefallen, dringt genügend Licht durch die Baumkronen und sind nach einem Regen die gefal-

Auf der Pirsch können Sauen auf dem Ein- bzw. Auswechsel zwischen Feld und Wald überrascht werden.

lenen Blätter nass, ist fast lautloses Pirschen möglich, sind die Sauen also einfacher anzugehen als im Feld.

Man kann sie auf der Pirsch auch an den Rändern zwischen Feld und Wald auf dem Ein- oder Rückwechsel überraschen.

Prasseln im Herbst die Eicheln, Bucheckern, Kastanien, Wildobst oder Nüsse auf den Boden, sind Sauen früher auf den Läufen, ziehen allerdings nicht weit umher, wenn sie genügend Fraß in der Nähe der Einstände finden. Auch dann kann Pirschen aussichtsreich sein.

Erst ansprechen, dann angehen

Bei einer im Gebräch stehenden Rotte sollte man sich einen Überblick über den Verband verschaffen, vor dem Angehen die einzelnen Stücke durch das Fernglas genau ansprechen, Unnötiges wie Glas, Rucksack, Sitzstock, Jagdtasche oder langen Mantel ablegen und erst dann geduckt, nur mit dem Zielstock und gesichertem Gewehr, näher schleichen. In Schussentfernung kann man noch einmal durch das Zielfernrohr die einzelnen Rottenmitglieder auf Stärke und Entfernung hin ansprechen.

Es hängt dann vom Licht ab, wie nahe man sich dem Wild nähert. Heben sich Zielstachel und Umfeld nicht deutlich auf dem Wildkörper ab, „schwimmt" also das Absehen, hat ein Schuss zu unterbleiben.

Jagd an der Suhle

Ob man die Schwarzkittel morgens oder abends an den Schlammlöchern erwartet, hängt von den Örtlichkeiten ab. Verschwiegene Suhlen in der Nähe des Einstandes werden eher im Hellen aufgesucht. Auch zur Suhle sollte ein unauffälliger Pirschpfad führen, ein bequemer Sitz ist ebenfalls hilfreich.

Duftstoffe wie Maggi, Anis oder Kümmel sorgen dafür, dass die Schlammlöcher regelmäßiger aufgesucht werden. Buchenholzteer, hineingeschüttet und an Malbäumen der Umgebung verstrichen, wird von Schwarzwild geschätzt.

Je ungestörter, desto besser

Suhlen, die in Dickungen verborgen liegen, sind bei Sauen besonders beliebt, werden allerdings länger gemieden, wenn sie dort beunruhigt werden.

Gern bummeln selbst alte Stücke in ungestörten Revierteilen zwischen Einstand und Suhle hin und her, und ein Vormittagsansitz am Wechsel von oder zur Suhle kann erfolgreich sein.

Ist eine Suhle in Einstandsnähe, kommen die Sauen auch in den heißen Mittagsstunden, wenn sie nicht zu oft gestört werden und im Umfeld genügend Deckung finden, weil bei Hitze und Trockenheit ihr Bedürfnis zu „baden" noch größer ist. Dabei sind sie aber bei Weitem nicht so laut wie Rotwild in der Suhle.

Abpassen

Ist es am Tag heiß und bringen auch die Nächte kaum Abkühlung, ist es Erfolg versprechend, die Schwarzkittel direkt an den Suhlen oder Wasserlöchern abzupassen. Oft verhoffen sie am Rand, ehe sie in das Schlammbad steigen. Das ist der günstigste Augenblick zum Schießen. Schiebt sich ein angeschweißtes Stück im Sommer in eine Suhle oder einen Schilfgürtel ein und verendet dort, wirkt der gegenüber der Umgebungstemperatur wärmere Schlamm wie ein Isoliermantel und beschleunigt das Verhitzen. Meistens kann man das Wildbret bereits eine Stunde nach Verenden nicht mehr verwerten.

Nachtjagd bei Mondschein

Manche Jäger kennen Schwarzwild nur vom Nachtansitz und glauben daher, es sei nachtaktiv. Wie schon erwähnt, sind Sauen normalerweise aber – wie übrigens unser gesamtes Schalenwild – tag- oder dämmerungsaktiv. In Gattern lässt sich das gut beobachten – und mittlerweile auch in unserer Hauptstadt Berlin. Sie passen sich aber Störungen an, verlegen deshalb ihre Aktivitäten in störungsreichen Revieren in die Nachtzeit und, ihren individuellen Erfahrungen entsprechend, in die Deckung des Waldes.

Hält man bis zur Drückjagdsaison in Waldkerngebieten Ruhe, werden sie dort

Besonders an heißen Sommertagen lohnt durchaus der Versuch, Sauen an Wasserlöchern oder Suhlen abzupassen.

auch wieder tag- bzw. dämmerungsaktiv. Können sie dem Jagddruck räumlich nicht ausweichen, sind die Schwarzkittel gezwungen, das zeitlich zu tun.

Voll- und Halbmond

„Unser“ Mond – es gibt im Sonnensystem über hundert Monde – reflektiert lediglich das Licht der Sonne, das heißt, wir sehen nur einen von der Sonne gerade beschienenen Teil seiner Oberfläche. Bei Vollmond steht die Sonne hinter uns , bei Halbmond seitlich und bei Neumond steht sie vor uns.

Im Sommer steht die Sonne am höchsten, der Mond am tiefsten, im Winter aber ist es umgekehrt.

Im Frühjahr verschwimmt die Abenddämmerung mit dem Licht des bereits hoch stehenden Halbmondes. Im Herbst ist der Halbmond meistens noch zu schwach zum sicheren Ansprechen, und man muss den Vollmond abwarten. Dann sollten die Sauen nicht direkt dort abgepasst werden, wo sie zu Schaden gehen, sondern auf ihrem An- oder Rückwechsel an beschienenen Waldrändern. Zu- oder abnehmender Mond, also Halbmond, ist für die Bejagung im Feld günstiger. Im Kartoffelkraut oder hohem Getreide ist es mit dessen Licht allerdings schwierig, das schwächste Stück auszumachen.

>INFO

Kleine Mondkunde

Die Zeit zwischen Voll- und Neumond und zurück beträgt 29,5 Tage, am 14. und 15. Tag nach Vollmond ist Neumond, anschließend beginnt wieder die zunehmende Phase. Der Mond geht im Osten auf, wandert nach Süden, wo er am höchsten steht, und geht im Westen unter. Wie die Sonne steht auch er in unseren Breiten nie im Norden. Im Winter zieht er seine Bahn am höchsten und ist dann rund 18 Stunden zu sehen. Im Sommer verläuft die Bahn niedriger, zwischen Auf- und Untergang liegen lediglich etwa sieben Stunden.

Auch wenn die „Schweinesonne" noch so verlockend scheint: Nachtjagd ist immer nur eine Notlösung.

Der zunehmende Mond geht zu einer „angenehmen" Tageszeit auf und verlängert den Abendansitz, der abnehmende steht bis in den frühen Morgen am Himmel und verwischt die eigentliche Morgendämmerung. Das diffuse Licht ab dem letzten Monddrittel reicht, auch wenn das Laub bereits gefallen ist, allenfalls für die Jagd im Feld oder auf Freiflächen im Wald, zumal Sauen bei Mondschein bevorzugt im Baumschatten brechen.

Beim Austreten in die Felder wählen sie den kürzesten gedeckten Wechsel. Fehlt Deckung, stürmen sie manchmal, ohne zu verhalten, ins Feld hinaus und verhoffen erst weit draußen, wo sie sich sicherer fühlen.

Das Mondlicht richtig nutzen

Ideal ist, wenn die Sauen zwischen Mond und Jäger stehen, weil dann die Rückschatten der Wildkörper klar zu erkennen sind; allerdings kann das Gegenlicht im Fernglas oder in der Zieloptik so stark blenden, dass man nicht ansprechen, geschweige denn schießen kann.

Bei der Nachtjagd spielt der Hintergrund des Ziels eine große Rolle. Je heller er ist, desto mehr Licht reflektiert er; sind aber Struktur und Helligkeit von Sauschwarte und Boden bzw. Hintergrund ähnlich, verschwimmen die Wildkörper mit ihrer Umgebung.

Am Boden nutzt man das Restlicht einer Mondnacht effektiver als von einer Leiter aus.

Auf einer geschlossenen Schneedecke spiegelt sich die Resthelligkeit des Himmels wider. Das Ansprechen der Stücke nach Stärke und Anvisieren durch ein gutes Zielfernrohr wird deshalb durch Schnee sehr erleichtert. Unter günstigen Verhältnissen sind die Konturen der Sauen deutlich als scharf umrissene Schatten zu erkennen.

Mondscheinpirsch. Achtung: Der Schatten lässt die Sauen mitunter wesentlich stärker erscheinen!

Mondjagd wann?

Von Mai bis ungefähr Oktober sind Mondansitze oder -pirschen weniger Erfolg versprechend, weil der Mond niedrig steht und sein Licht wegen dann schon oder noch hoch stehender Vegetation nicht durch das dichte Kronendach der Bäume dringen kann.

Bei Viertelmond reicht das Licht der schmalen Sichel meistens nicht aus, während man bei zunehmendem Halbmond häufig bis Mitternacht sicher ansprechen kann.

Solange der Vollmond am östlichen Horizont steht, spendet er ein diffuses Licht. Je höher er aber steigt, desto kürzer wird der Weg der Lichtstrahlen zur Erde und umso heller scheint er. Man kann später ansitzen, da es bis in die frühen Morgenstunden hell bleibt.

Die Stunden nach 24 Uhr, wenn die

lauten Aktivitäten der Zivilisation zur Ruhe kommen, können sehr beuteträchtig sein, auch wenn der abnehmende Mond erst nach Mitternacht aufgeht, man ihn noch tagsüber am westlichen Horizont stehen sieht.

Mondjagd wie?

Auf Verdacht an den Waldrändern entlangzuschleichen, ist meistens Glückssache und sollte lieber unterbleiben, weil die Sauen zu unterschiedlichen Tages- beziehungsweise Nachtzeiten in die Felder ziehen. Gerade nachts nehmen sie frische menschliche Spuren und Störungen dabei besonders übel.

Wird ihnen in den mondhellen Nächten zu oft nachgestellt, ziehen sie kaum mehr ins Freie, sondern halten sich lieber vorsichtiger und „unsichtbarer" im Schatten an den Waldrändern auf.

Im Winter sind ein Schneehemd oder ein am Körper anliegender Schneeanzug vorteilhaft. Es ist erstaunlich, wie unbeachtet man sich in weißer Kleidung auf freiem verschneitem Feld einer im Gebräch stehenden Rotte auch in aufrechter Haltung nähern kann.

›TIPP

Einfacher als auf Knien ist es, auf dem Gesäß sitzend – das Gewehr in der Beuge zwischen Oberschenkeln und Hüfte – dem Wild entgegenzurutschen. Dabei wird das Ziel nicht aus den Augen verloren. Wirft eine Sau auf, legt man sich auf den Rücken und wird praktisch „unsichtbar".

Ausgehen von Sauen im Schnee

Das Ausgehen von Sauen, ihnen also in ihre Einstände zu folgen, ist eine Jagdart, die fast vergessen ist, weil es in den letzten Jahren kaum schneite, der „weiße Leithund" aber für diese reizvolle Jagd unerlässlich ist. Der Jäger muss schnell reagieren und sicher stehend freihändig schießen, weil ein Zielstock beim Anpirschen in dichtem Bestand meistens stört und im entscheidenden Augenblick selten eine Anstreichmöglichkeit in unmittelbarer Nähe vorhanden ist.

Revier- und Einstandseignung

Nicht jedes Revier und jeder Einstand sind für diese Jagd geeignet. Dort wo

Sauen nur als Wechselwild vorkommen, also keine angestammten Einstände haben, werden sie schnell nervös, wenn Gefahr im Anzug ist. In Stadtnähe, wo sie an Menschen zu allen Tageszeiten gewöhnt sind, reagieren sie hingegen manchmal ausgesprochen dickfellig.

Lückige Dickungen oder junge Stangengehölze mit kleinen „Sonneninseln" bieten sich zum Ausgehen der Fährten an. Laubholzbestände, deren Astwerk das Sonnenlicht durchlässt und die partienweise dichten Unterwuchs aufweisen, sind ebenfalls geeignet. Stehen die Bestände sehr dicht, kommt ein Ausgehen nicht in Betracht: Man kann sich nicht leise bewegen und hat meistens nicht genügend Schussfeld.

Sauen schieben sich im Sommer nach mehreren Widergängen mit Vorliebe am Rande großer Dickungen, vorzugsweise auf deren Südseite ein. In der kälteren Jahreszeit liegen sie lieber in der Mitte, weil es dort geschützter und wärmer ist.

Die Praxis

In lockerem, weichem Pulverschnee kann man sich, sofern sich kein Harsch unter der Neuen befindet, fast lautlos bewegen und den Sauen in die Einstände folgen. Nasser Schnee knirscht beim Pirschen, Harsch bricht geräuschvoll unter den Schuhsohlen, und die Sauen werden frühzeitig gewarnt.

Ausgehen der Saufährte

> **›TIPP**
>
> *Solange die Saufährten in einer Reihe stehen, ist man meistens noch nicht in unmittelbarer Nähe des Kessels – laufen sie aber auseinander, ist größte Vorsicht geboten! Jetzt kann man jeden Moment den dunklen Rücken einer Sau im Schnee entdecken!*

Die beste Zeit für das Ausgehen von Sauen ist der späte Vormittag, dann liegen sie am festesten. Sie wechseln normalerweise mit gutem Wind ein, ziehen, sobald sie in Deckung sind, kreuz und quer herum, schieben sich aber manchmal auch bereits am Rand einer Dickung ein. Einzelne Stücke machen vorher oft noch einen Widergang, bevor sie ins Lager gehen.Der Einstand wird weitläufig umkreist. Stehen keine Fährten heraus, folgt man den Fährten vom Einwechsel aus, Schritt für Schritt, wie bei der Pirsch mehr stehend als gehend.

Stößt man auf ruhende Sauen im Lager, muss man sich, die Waffe im Voranschlag, mucksmäuschenstill verhalten. Meistens richtet sich die Leitbache als Erste auf, ist aber sehr oft noch unschlüssig. Die Frischlinge warten auf weitere Reaktionen von ihr, und oft hat man dann Gelegenheit zum Schuss.

Flüchtet die Rotte auseinander, sollte man bewegungslos warten. Mitunter hat sie die Gefahr nicht recht erkannt, und weil Sauen ihren Tageseinstand bei Helligkeit nur ungern verlassen, kommen sie manchmal neugierig zurück.

Jagt man zu mehreren, stellen sich die Jäger an vielversprechenden Wechseln an, und einer von ihnen geht, am besten mit Hund, die Fährten aus.

Nicht so einfach, wie es klingt

Das alles hört sich einfach an, ist es aber nicht. Selbst der Wechsel einer stärkeren Rotte kann in einer verschneiten Dickung nur schwer gehalten werden. Wenn Pulverschnee in die Trittsiegel geweht ist, sind Rot- und Schwarzwildfährten kaum noch zu unterscheiden und man kann höchstens noch an der Schrittlänge erkennen, um welche der beiden Wildarten es sich handelt.

In älteren Beständen und im Hochholz verlaufen die Wechsel meistens

> **›TIPP**
>
> *Manchmal verrät dem Jäger lediglich eine schwache Dunstwolke die Anwesenheit von Sauen. Sie steigt infolge der Körperwärme über den ruhenden Tieren auf. Auch darauf muss der Jäger achten!*

Noch scheinen sie unschlüssig – jetzt muss es schnell gehen!

ziemlich gerade, in Dickungen dagegen, wo sich das Schwarzwild wohl- und sicher fühlt, gehen sie kreuz und quer. Oft wählen Sauen morgens einen völlig anderen Wechsel zu ihrem Tageseinstand als abends, wenn sie auf die Felder austreten.

Gelangt der Jäger an den Kessel, muss er, je nachdem, wann sich die Schwarzkittel eingeschoben haben, schnell reagieren, manchmal die ruhenden Sauen dagegen auch erst munter machen.

Ist der Kessel noch nicht warm, liegen die Sauen locker, haben sie den Kessel schon Stunden vorher bezogen, verlassen sie ihn zunächst nur ungern und zögerlich – dann aber in voller Flucht.

Mitunter erheben sich auch nicht alle Stücke gleichzeitig, sondern nur eines, um, wie ein Hund auf den Keulen sitzend, misstrauisch zu sichern.

Weil Sauen mit geschlossenen Lichtern ruhen, sind sie durch das grelle Licht und den Schnee geblendet. So kann ein Schuss gelingen, bevor die Rotte flüchtet und dann – beim Jagen zu mehreren – vielleicht noch einem der vorstehenden Schützen kommt.

Allein – mit Hund

Fährten sich Sauen in eine Dickung, steht der Wind aus dem Dickungskomplex heraus, und möchte oder muss der Jäger allein jagen, kann er sich auch in der

>INFO

Nacken- und Mündungsschutz

Für das Ausgehen der Sauen ist zweckmäßige Kleidung, die das Eindringen von Schnee ins Genick, in die Ärmel oder die Hosenbeine verhindert, ebenso erforderlich wie ein Mündungsschutz für die Waffe. Besonders Letzterer ist unverzichtbar: Allzu schnell rieselt sonst Schnee in den Lauf, der bei entsprechenden Minustemperaturen an den Laufinnenwänden gefriert und beim Schuss zur Laufsprengung führen kann! Ein einfaches Schusspflaster auf der Laufmündung, wie es auf Schießscheiben verwendet wird, reicht vollkommen aus.

Nähe des Einwechsels einen Stand suchen und einen Hund schnallen. Macht der die Schwarzkittel locker, verlassen sie den Kessel oft auf dem Wechsel, den sie auch beim Einwechseln in die Dickung genommen haben.

Kreisen

„Der beste Leithund ist der Schnee, der bringt den Sauen Tod und Weh", lautet ein alter Jägerspruch und er meint das Kreisen auf Sauen bei Schnee. Diese Jagd art erfordert Geduld, Wissen um das Verhalten der Sauen und viel Erfahrung.

Für das Kreisen bei Schnee ist es optimal, wenn nachts Neuschnee fällt und es in den frühen Morgenstunden zu schneien aufhört. Dann sind die Fährten der letzten Stunden deutlicher zu erkennen, die älteren, den Jäger verwirrenden Trittsiegel aber mit einem weißen Teppich zugedeckt.

›TIPP

Nach dem ersten Schnee des Jahres oder nach einer längeren schneefreien Zeit sind Sauen nicht sehr aktiv. Sie ruhen länger im Kessel und ziehen mitunter erst nach ein, zwei Tagen wieder umher. Sie scheuen sich, aus den dunklen Beständen ins Helle zu wechseln.

Abfährten am Morgen

Während einer morgendlichen Revierfahrt fährt man die breiten Wege im Revier ab und verschafft sich anhand frischer Fährten Klarheit über die Anzahl der Sauen, Rottenstärke und Einstände.

Es erfordert viel Zeit zu prüfen, ob die Sauen in die fraglichen Abteilungen rein- und raus- oder umgekehrt raus- und reingezogen sind. Mitunter stellt man erst nach längerem Folgen der Wechsel auf einer schneelosen Stelle oder einem breiten Gestell fest, ob sie durch den vermeintlichen Einstand hindurch in die Nachbarabteilung gezogen sind oder sich gesteckt haben.

Stößt man auf mehrere Aus- und Einwechsel, macht es sich bezahlt, sie zu zählen und den Einstandskomplex mehrmals zu umkreisen. Findet man dann beispielsweise drei Aus-, aber vier Einwechsel, ist sicher, dass die Sauen stecken.

Behutsames Vorgehen

Beim Umkreisen der Einstände ist sehr behutsam vorzugehen. Sie dürfen nicht zu früh angerührt werden, zumal Sauen morgens oft locker liegen, noch nicht in den vormittäglichen Tiefschlaf verfallen oder sogar noch auf den Läufen sind und auf alle Störungen nachhaltig reagieren. Manchmal verlassen sie ihr Lager, mitunter über die frische Spur des Kreisers hinweg, der von alledem nichts bemerkt.

Nur der erfahrene und geduldige Kreiser versteht, die „Fährtengeheimnisse" des Schnees richtig zu deuten.

Folglich sind angeblich festgemachte Sauen beim nachmittäglichen Drücken im wahrsten Sinne des Wortes wie vom Erdboden verschluckt.

Liegen die Lager der Sauen in einem viel von Menschen begangenen Waldkomplex – Menschenlärm und -geruch sind ihnen also so vertraut, dass sie sich daran gewöhnt haben und nicht daran stören –, kann man sich den Einständen nähern. Steht allerdings der Wind direkt hinein, halte man besser 200 als 100 m Abstand zu den Einwechseln.

>TIPP

Werden beim Kreisen Fährten gefunden, ohne dass am selben Tag gejagt werden kann, sollten sie verwischt werden. Sonst irritieren sie am folgenden Tage, wenn über Nacht kein Schnee fällt.

Wind und Frost

Morgens sind die Sinne des Schwarzwildes noch sehr angespannt, auch deswegen sollte man das vermutete Lager nur auf der vom Wind abgewandten Seite relativ eng kreisen, auf der Windseite hingegen weit umschlagen.

Je frostiger das Wetter, desto hellhöriger der Wald; je weniger Menschen sonst das Revier beunruhigen und je kleiner die Einstände sind, desto weiter muss man ihnen fernbleiben. Keinesfalls darf man kurz vor der Jagd Wege begehen, die die Einstände durchschneiden oder unmittelbar an ihnen entlangführen.

Nass- und Pulverschnee

Während es bei einer wenige Zentimeter hohen, nassen Schneelage einfach ist, aus dem Fährtenbild zu lesen – bei Tauwetter dagegen zerfließen die Trittsiegel, Rehfährten erscheinen so stark wie die von Sauen –, werden bei hohem oder Pulverschnee die Trittsiegel mitunter schon durch einen leisen Windhauch verwischt. Dann stellt man eventuell in der Fährte einer einzelnen stärkeren Sau auf einer weniger verschneiten Stelle fest, dass die Frischlinge exakt in der Fährte der Mutter in einer Reihe hinterhergezogen sind.

Man sollte sich aber nicht verleiten lassen, dem Fährtenbild in die Einstandsdickung zu folgen, nur weil der Schnee dort nicht so hoch liegt, um Gewissheit über die Stärke der Rotte zu bekommen. Besser geht man dann die Fährten gegen die Ziehrichtung aus, um die Schweine nicht zu beunruhigen.

Weitere Hinweise

Da Sauen im Winter besonders sonnenhungrig sind, meiden sie dunkle Dickungen und schieben sich manchmal lieber in windgeschützte, helle Althölzer, besonders an deren Südseite, ein. Begehrt sind Farn-, Altgras- oder Brombeerunterwuchs, auch tief belastete Solitärfichten, weil sie gegen Niederschlag und kalte Bodenfeuchte schützen.

Je weiter der Tag vorgeschritten ist, desto schwerer lassen sich Wildschweine dazu bewegen, die Dickungen zu verlassen, und am späten Nachmittag oder bei beginnender Dämmerung vermag man sie kaum noch aus großen Einständen zu drücken. Deshalb sollte man mit dem Kreisen nicht erst am späten Vormittag beginnen.

Im Winter ziehen sich Sauen am Tag auch gern unter windgeschützte und durchsonnte Altholzpartien zurück.

Beim Umschlagen der Dickungen und späteren Anstellen der Schützen ist zu beachten, dass sich Schwarzkittel in tief verschneiten Dickungen sicher fühlen und fest liegen. Bei wenig Schnee und hartem Frost sowie kleinen Einständen liegen sie meistens locker.

Abstellen der Schützen

Zuerst werden die Schützenstände besetzt, von denen der Wind nicht zu den mutmaßlichen Kesseln steht, erst dann die anderen Stände. Werden die Schwarzkittel vorzeitig rege, können sie von den bereits wartenden Schützen abgepasst werden.

Ein Mobiltelefon ist bei der winterlichen Saujagd in kleinem Kreis sinnvoll, um benachbarte Jäger zu informieren, damit sie sich rechtzeitig an bekannten Fernwechseln postieren.

> **›INFO**
>
> *„Wildschweine kann man nicht akustisch locken", sagte vor Jahren ein Berufsjäger zu dem damaligen Jungjäger Klaus Weißkirchen, als fünf Überläufer außerhalb Schussentfernung in eine Dickung wechselten. Weißkirchen nahm jedoch seinen Eifel-Hirschruf und pirschte an den Einwechsel: Mit „Roch-roch-roch!", verstärkt durch den Hirschruf, lockte er zwei Überläufer aus der Dickung, und schon lag einer. Um die Jahrtausendwende entwickelte Weißkirchen dann einen Schwarzwildlocker. Seine Devise: „Erlerne die Stimmen der Tiere, dann bist du Herr im Reviere."*

Lockjagd auf Schwarzwild

Schwarzwild ist sehr gesellig, neugierig und „gesprächig". Wer sich einmal näher mit ihren verschiedenen Grunzlauten befasst, wird herausfinden, dass man sich mit Sauen regelrecht unterhalten kann. Vor allem aber kann man die Tatsache zur akustischen Lockjagd nutzen.

Schwarzwildlocker sind geeignete Instrumente zur Nachahmung der Schwarzwild-Grunzlaute. Bei einem Besuch im Schweinestall oder Schwarzwildgehege hört man die natürlichen Laute auf kurze Entfernung und lernt, wie die Schweine auf den Locker reagieren.

Sauen halten beim Grunzen den Wurf Richtung Boden, die Geräusche klingen dadurch abgedämpft. Legt man die Hand halb geöffnet über den Locker, wird dieses gedämpfte Grunzen täuschend ähnlich imitiert.

Wann und wie locken?

Sobald man auf dem Ansitz ein verdächtiges Geräusch oder ein Reh schrecken

Auch wenn das nicht „Lehrmeinung“ ist: Schwarzwild ist „kommunikativ“ und lässt sich sehr wohl auch durch Imitation seiner Laute locken – einfach einmal ausprobieren!

hört, setzt man die Lockstrophe ein, indem man in unregelmäßigen Abständen die Grunzlaute einer Sau in das Gerät hineinbläst – „Roch-roch-rooch-roooch“. Oft bekommt man Antwort. Der Jäger lockt immer wieder zurück, und wenn der Wind passt, stehen die Sauen oft genug zu.

Auf ein beruhigendes „Grunzen“ reagieren vor allem Frischlinge, Überläufer und führende Bachen. Sie vernehmen das Grunzen durch den Locker bis zu 400 Meter weit, und selbst wenn sie Wind bekommen, blasen und verschwinden, kann man sie mit solchen „Beruhigungslauten“ wieder aus der Deckung hervorlocken.

Werden Sauen beim Pirschen unruhig, geht man in die Hocke, macht sich durch Grunzen quasi selbst zur Sau und bringt sie damit bald wieder zur Ruhe.

Nicht selten stehen Schwarzkittel auch auf Blatten, Vogelangstgeschrei, mitunter sogar auf Mäuseln zu. Dabei spielt aber gewiss auch eine gewisse Neugierde mit.

Schleppen

So, wie man Raubwild durch Schleppen mit frischem Aufbruch, Fischabfällen oder Ähnlichem zu Fang- oder Luderplätzen „leiten“ kann, folgen auch Sauen interessanten Duftspuren und verlassen gewohnte Wechsel, um dort zu erscheinen, wo der Jäger sie erwartet.

Für „Sauschleppen“ eignen sich besonders Geflügelknochen. In ein Netz gefüllt und darin an einen kurzen Stock gebunden, werden sie jeweils sternförmig in mehrere Richtungen vom Ansitz fortgeschleift und dabei seitlich neben sich hergezogen, sodass sie nicht unmittelbar auf der menschlichen Spur stehen.

Das Netz wird sodann in einem Baum so aufgehängt, dass der Wind die verlockende Wittrung zum Sitz weht und den Jäger nicht verraten kann. Der Geruch aus dem Baum und die Spuren auf dem Boden veranlassen die Sauen, dem verführerischen Duft zu folgen.

Wichtig ist, die Schleppspur nach Möglichkeit jeweils am Ansitzplatz beginnen zu lassen, damit deren Wittrung dorthin intensiver wird. Ein länger geschleppter Köder verliert nämlich zunehmend an Wittrung.

Schwarzwildjagd in Mastjahren

Gute Mastjahre, in denen von Eichen oder Buchen die begehrten Früchte, Eicheln und Bucheckern, gegendweise Nüsse, Kastanien oder Wildobst, ohne Pausen zu Boden prasseln und dazu vielleicht noch zahllose Pilze aus dem Waldboden sprießen, können die Schwarzwildbejagung erschweren, weil die Sauen dann überwiegend im Wald bleiben und Freiflächen sowie Kirrungen weitgehend meiden.

Auf den Spuren der Waldfrüchte ...

Die Sauen wechseln ihre Einstände und ziehen der Mast nach. In Revieren ohne Laubholzbestände werden sie dann auch noch bei den winterlichen Drückjagden vermisst.

Es ist aber ein Irrtum anzunehmen, dass Sauen in guten Mastjahren nur dort, wo Laubbäume im Revier stehen, anzutreffen sind. Sie verteilen sich nur über große Flächen, auch bei den Nachbarn stehen schließlich Eichen oder andere Mast tragende Bestände.

Je trockener der August ist, desto eher fallen die Früchte von den Bäumen. Starke Waldmast mindert die Wildschäden in

In Mastjahren werden die Sauen mobiler: Sie ziehen bevorzugt in Buchen- und Eichenbeständen sowie unter Esskastanien zu Fraße.

der Landwirtschaft, besonders in Maisfeldern, weil die Waldfrüchte bereits nach Beginn der Milchreife mancher Maissorten zu Boden prasseln und von den Sauen vorgezogen werden. Dann ist die Jagd im Wald erfolgsträchtiger als im Feld.

Hierbei hilft ein möglichst in Ost-West-Richtung (Hauptwindrichtung!) angelegtes Pirschsteigsystem.

Wühlstreifen vorbereiten

In lichten Waldstücken, auf ungestörten Schneisen, in der Nähe von Dickungen und Einständen sollten schon frühzeitig Wühlstreifen angelegt und regelmäßig mit anderem Kirrgut beschickt werden.

Es tief in den Boden einzubringen ist günstig, weil die Sauen dann länger suchen müssen und frisch bearbeitetes Erdreich die Schwarzkittel zusätzlich anlockt.

> **›TIPP**
>
> *Sofern Sauen die Auswahl haben, ziehen sie als „Feinschmecker" die heimischen Eicheln denen der Amerikanischen oder auch Roteiche vor.*

An diesen Streifen müssen rechtzeitig Erdsitze, Schirme oder Hochsitze errichtet werden. Spätestens nach dem Laubfall müssen dort, wo sich Schwarzwild in Eichen- und Buchenbeständen durch regelmäßiges Brechen verrät, mobile Sitze aufgestellt werden. In der Nähe der Hauptwechsel von und zu den Buchen- und Eichenhorsten sollten ebenfalls Ansitzmöglichkeiten bestehen.

In Jagdbezirken mit festen Saueneinständen, in denen die Schwarzkittel kaum einmal gestört werden, kann man auch vor dem Laubfall noch bei Büchsenlicht Glück haben. Wechseln die Schwarzkittel aber von weit her an, ist es bereits Nacht, bis sie unter den Bäumen erscheinen.

Im Umfeld der Mastbäume kann man Kronenfreiheit schaffen, störende Äste absägen, damit der Mond ungehindert durch die Baumkronen hindurch auf den Boden scheinen kann und sein Licht zum Schießen reicht.

Gute Mastjahre setzt das Schwarzwild in üppigen Zuwachs um.

Die Bewegungsjagd

Die Drückjagd auf Sauen ist eine beliebte und effektive Jagdart, um Schwarzwildbestände in kurzer Zeit zu reduzieren und zu regulieren, damit also den Jagddruck zeitlich zu konzentrieren und – aufs Jahr gesehen – zu senken.

Gut organisierte Gesellschaftsjagden auf Schwarzwild sind in der heutigen Zeit nicht mehr wegzudenken und erfreuen sich immer größerer Beliebtheit.

Vorbemerkungen

Behutsam angerührt kommt Schwarzwild auf Drück- beziehungsweise Bewegungsjagden oft vertraut oder in gemächlichem Troll, kann aber seine nGangart aus dem Stand heraus außerordentlich beschleunigen, sobald es eine Gefahr als solche erkannt hat.

Durch leises Drücken behutsam angerührt, kommen Sauen den Schützen meist nicht hochflüchtig.

Da die Flucht ohne hohe ruckartige Sätze „gleichmäßig“ erfolgt, der Wildkörper auch bei rasanter Geschwindigkeit durch die verhältnismäßig kurzen Läufe fast immer in gleicher Höhe bleibt, sind Sauen leichter zu treffen als in Sprüngen flüchtendes Wild. Auf kurze Distanzen können sie sehr schnell sein, weite Strecken bewältigen sie aber lieber im Troll, denn sie sind keine ausdauernden Schnellläufer.

Während man andere Wildarten in voller Flucht durch lautes Rufen oder Pfeifen zum abrupten Verhoffen veranlassen kann, lässt sich Schwarzwild davon kaum beeinflussen, sondern wird im Gegenteil eher noch schneller.

Leise drücken

Weil Sauen auf große Entfernung winden, werden zuerst die Schützen abgestellt, die gegen den Wind, und dann die, die mit dem Wind stehen. Erst dann werden die entfernt wartenden Treiber eingeteilt.

Je leiser gedrückt wird, desto vertrauter verlassen die Sauen das Treiben. Je mehr Lärm die Treiber machen, desto sicherer fühlen sich die Sauen, weil sie genau wissen, wo sich die Menschen befinden, und entsprechende Lücken in der Treiberlinie suchen können. Es ist daher besser, langsam durchzugehen, ab und an ruhig zu verhalten. Die plötzliche Ruhe wird den Schwarzkitteln unheimlich, und sie verlassen die Dickung oder das Feld.

Schützenstände und Dauer des Treibens

Die Schützen sollten mindestens 40 bis 50 Schritte von der zu treibenden Dickung entfernt angestellt sein, damit sie die Sauen kommen sehen und ansprechen können. Besser noch stehen sie

> **›INFO**
>
> ***Reineke Sau***
>
> *Sauen verhalten sich auf Bewegungsjagden mitunter wie Füchse: Klappen vor Jagdbeginn Autotüren, wird geredet oder angeblasen, bringen sie sich schon in Sicherheit, bevor die Schützen ihre Stände bezogen haben. Auf Jagdhornsignale sollte man deswegen in der Nähe der Treiben verzichten. Und je größer die Treiben sind, desto eher werden die Sauen beim Anstellen der Schützen noch halten.*

> **›TIPP**
>
> *Wie alles Wild nutzen auch Sauen flüchtig oft andere Wechsel als beim vertrauten Ziehen von und zu den Fraßplätzen. Die Fluchtwechsel müssen beim Anstellen der Schützen bekannt sein!*

wesentlich weiter von den Einstandskomplexen entfernt: Dann ist die Chance größer, dass die Sauen deutlich langsamer als unmittelbar nach dem Hochwerden kommen.

Stärkere Sauen sichern oft am Dickungs- oder Feldrand, bevor sie die Deckung verlassen. Steht der Schütze weiter ab, ist die Gefahr geringer, dass sie Wind von ihm bekommen oder ihn bemerken und an anderer Stelle ausbrechen.

Die Treiben sollten (vor und zurück) in maximal zwei Stunden durchgedrückt werden. Mit ungefähr 30 Schützen lassen sich in diesem Zeitraum etwa 100 ha Fläche bewältigen.

Vom An- bis zum Abblasen der Jagd bewegungslos, jedoch voll konzentriert zu verharren, benötigt nämlich viel Willenskraft, und selbst wenn die Schützen mit Eifer bei der Sache sind, lässt ihre Konzentration mit der Zeit allmählich nach.

Bei Bewegungsjagden auf Sauen ist das Wetter mitentscheidend. Starker

Wind, Neuschnee und Dauerregen beeinflussen das Streckenergebnis negativ.

Für Gesellschaftsjagden gilt: Ist der Jagdherr nicht selbst Jagdleiter, hat er nach den Unfallverhütungsvorschriften (UVV Jagd vom 1. Januar 2000) einen Jagdleiter zu bestimmen.

Verhalten der Sauen im Treiben

Wie bei anderen Treib- oder Drückjagden gilt es auch bei einem Schwarzwilddrücken, die Sauen in ihrem Einstand rege zu machen und vor die außerhalb der Einstände angestellten Schützen zu bringen. Wegen der „Dickfelligkeit" der Schwarzkittel, gepaart mit einem ungewöhnlichen Erinnerungsvermögen und erstaunlicher Kombinationsfähigkeit, kann das nur durch Beobachtungen und Erfahrungen erlernt werden, zumal Sauen in störungsreichen Revieren zunehmend unsteter werden.

Sie scheinen oft schon beim Anstellen der Schützen zu ahnen, dass ihnen draußen Gefahr droht, und wechseln ins Innere der Dickungen beziehungsweise Maisfelder oder aber verlassen den Einstand dort, wo noch kein Schütze abgestellt ist.

Sauen sind clever

Werden keine Hunde eingesetzt, bleiben Sauen oft einfach liegen und lassen sich von den Treibern überlaufen. Insbesondere einzelne Sauen drücken sich mitunter wie Hasen in der Sasse.

Keiler können es besonders gut: das Treiben dort verlassen, wo (in diesem Fall zwar ein Fotograf, aber) kein Schütze steht.

Werden die Schwarzkittel durch das Geschrei der Treiberwehr doch hoch, brechen sie meistens nach hinten durch, verhoffen aber oft nach wenigen Fluchten und drücken sich wieder so lange, bis die Treiber zurückkommen, besonders,

>TIPP

Brechen Sauen durch die Treiberkette nach hinten durch, müssen die Treiber sofort umkehren. Die Schwarzkittel dürfen gar nicht erst zur Ruhe kommen und sich neu orientieren können.

wenn das Treiben eng umstellt und laut getrieben wird.

Von Hunden oder Menschen hochgemacht, ziehen die Schwarzkittel meistens langsam gegen oder mit halbem Wind an den Rand der Deckung und erkunden, wo Menschen stehen. Nach längerem Verhoffen stürmen sie urplötzlich hervor, finden dabei mit erstaunlicher Sicherheit die Stelle, an der die Schützen am weitesten auseinanderstehen, oder stehlen sich leise wieder zurück und sind dann nur noch sehr schwierig herauszubekommen.

Wurde die Rotte gesprengt, verlassen die einzelnen Stücke die Deckung meistens auf verschiedenen Wechseln.

Störungsempfindlichkeit

Je öfter in einem Jagdrevier getrieben wurde, je lauter die Jagd verlaufen ist, je mehr geschossen wurde, je mehr Hunde gejagt haben, desto übler nimmt das Schwarzwild die Störung. Nach leisem Durchgehen von ein, zwei Treibern stecken sie allerdings manchmal schon einen Tag später wieder in ihrem Einstand.

Hunde für die Saudrückjagd

Menschen setzen seit Urzeiten Hunde zur Jagd auf wilde Schweine ein, aber die Jagd auf Sauen und die Rolle der vierläufigen Helfer haben sich im Lauf der Jahre und Jahrzehnte doch deutlich verändert.

Von „Findern“ und „Packern“ zu Lautjägern

Früher waren es schnelle „Finder“ und starke „Packer“, die das Wild stellten und hielten, bis es der Jäger mit der kalten Waffe abfangen konnte. Die kalten Waffen sind von Gewehren verdrängt worden, müssen aber immer noch Verwendung finden, wenn Hunde Wild unmittelbar binden.

Heute werden die Hunde in der Regel von mehreren Ständen aus ins Treiben geschickt. Sie müssen selbstständig die Kessel finden, die Sauen aus dem Lager „ärgern“, die Rotte sprengen und die Stücke einzeln vor die Schützen bringen, damit sie sauber gestreckt werden können. Dafür werden bevorzugt „Solojäger“ eingesetzt, aber auch Kleinmeuten.

Sauen orientieren sich gut an einzeln und laut jagenden Verfolgern, stellen sich frühzeitig auf sie ein und kommen den Schützen meistens nicht hochflüchtig. Die könne vorher akustisch die Hatz verfolgen und sich rechtzeitig vorbereiten. Lautes und am besten spur- oder fährtenlautes Jagen der Hunde ist ein unbedingtes Muss! Stumm jagende Hunde lösen bei Sauen und anderem Wild oft panische Flucht aus und haben auf der Bewegungsjagd nichts verloren!

Einzeljäger oder Kleinmeute?

Die geballte Kraft eingejagter Saumeuten, die sich oft aus Hunden unterschiedlicher Rassen zusammensetzen, kann eine Rotte auch in Panik versetzen, sodass sie schnell und weit flüchtet. Das ist nicht unbedingt der Weisheit letzter Schluss, ganz abgesehen davon, dass die Grenzen zu der in Deutschland verbotenen Meutejagd nicht überschritten werden dürfen ...

Es kommt daher immer auf die Qualität bzw. Ausbildung, nicht auf die Anzahl der eingesetzten Hunde an. Wirklich sauscharfe Einzeljäger, die gegebenenfalls beischlagen und einander unterstützen, erfüllen durchaus ihren Zweck! Es macht natürlich auch einen Unterschied, ob Hunde auf einer großräumigen Jagd oder einer Jagd mit mehreren kleinen Treiben eingesetzt werden.

So wenig wie nötig

Auf großräumigen Drückjagden im Wald sollten nicht so viele Hunde wie möglich, sondern so wenige wie nötig eingesetzt werden. Die Anforderungen an sie sind groß. Sie müssen einen lockeren Hals haben, sollten kein anderes Wild hetzen, nicht überjagen, nicht zu flüchtig und – auch im eigenen Interesse – nicht über- oder auch „dummscharf" sein.

Die Qualität, nicht die Anzahl der Hunde zählt: Sauscharfe Einzeljäger sind sicher nicht schlechter als Kleinmeuten, die sich auch am ersten Reh gemeinsam aus dem Treiben „verabschieden".

Qualifizierte Stöberhunde dürfen nicht zu hoffnungslosem Überjagen neigen, müssen also fährtentreue, bogenreine Jäger mit kontrollierter Wildschärfe sein. Ob ausgeprägte Kurzjager oder weiter jagende Hunde eingesetzt werden, hängt von der Größe der Jagdfläche und den örtlichen Gegebenheiten ab. Immer kommt es nicht auf die Rasse, sondern auf Stöberqualitäten der Hunde an.

Hochläufige Stöberhunde, die gesundes Rehwild greifen oder fangen und Frischlinge und schwächere Überläufer halten, bis die dann abgefangen werden, sollen an Drückjagden nicht teilnehmen.

Erfahrung zählt

Ein Hund mit viel Erfahrung mit Schwarzwild wird kaum ernsthaft geschlagen. Meistens ereignen sich solche Unglücke, wenn mehrere Hunde dieselbe Sau stellen und eifersüchtig aufeinander, übereifrig, unvorsichtig und leichtsinnig werden. Normalerweise sind sie instinktiv vorsichtig, wenn sie an Schwarzwild geraten, und haben ihre Wildschärfe unter Kontrolle.

Haben Hunde keine Hemmschwelle und werden sie mehrmals schwer von Keilern geschlagen oder von Bachen gebissen, sind sie oft für die Jagd an Sauen verdorben. Behalten sie aber trotz „schlechter Erfahrungen" mit dem wehrhaften Wild ihre angewölfte Passion und

„Hundsköpfe" für „Sauköpfe" drangeben? Das passt nicht mehr in die heutige Zeit!

Schärfe bei, arbeiten sie nach solch einer Begegnung vorsichtiger und werden hervorragende Sauhunde.

Die mittelalterliche Maxime: „Wer Schweinsköpfe haben will, muss Hundsköpfe wagen", passt schon lange nicht mehr in unsere Zeit: Sie verstößt gegen das Tierschutzgesetz und die Jagdethik.

Standauswahl

Priorität hat bei der Auswahl der Stände auf Drück- bzw. Bewegungsjagden immer die Sicherheit für Jäger, Treiber, Hundeführer und unverhofft auftauchende Waldbesucher.

Erhöhte Schirme oder Drückjagdböcke gewährleisten meistens einen sicheren Kugelfang. Sie sollten nicht auf den Fluchtwechseln des Wildes, sondern abseits der Tageseinstände in einsehbarer Nähe an Fernwechseln errichtet

> **›TIPP**
>
> *Hermann Löns hat es einmal auf den Punkt gebracht: „Sauen kennen kein Programm und halten kein Versprechen." Dieser Satz hat bis heute Gültigkeit.*

werden – an Wechseln also, auf denen die nach dem Anrühren zunächst flüchtigen Sauen wieder vertrauter ziehen. Sind die bekannten Fernwechsel in weitem Abstand zum Treiben abgestellt, kommt das Wild dort in aller Regel nicht mehr in voller Flucht.

Zu berücksichtigen sind dabei auch „Zwangswechsel", die durch Zäune, Schluchten, Steilhänge, Bodenvertiefungen oder Wasserläufe vorgegeben sind und die Fluchtrichtung der Sauen beeinflussen. Zu bedenken ist ebenfalls, dass (angeschweißte) Sauen erfahrungsgemäß vertraute Wechsel bevorzugt zur Flucht nutzen.

Ungeeignet: Deckungsfreie Linien und Flächen

Schmale Schneisen zwischen zwei Dickungskomplexen werden von angerührtem Schwarzwild meistens flüchtig überquert und sind deshalb keine optimalen

Idealer Schützenstand: Abseits von Einstandsbereichen in raumem Holz gelegen, bietet er dem Rundumsicht und Schussfeld. Sein Umfeld aber gewährt dem Wild noch etwas Deckung.

Plätze. Huschen die Sauen über eine solche „Schluppe", können exzellente Schützen zwar treffen, erfahrene Schwarzwildjäger auch ansprechen, aber für beides reicht die Zeit meistens nicht aus.

Niedrige Kulturen, Äsungsflächen und Kahlschläge überqueren Sauen bei Gefahr, wenn sie zum Beispiel also gedrückt oder getrieben werden, ungern. Auch an solchen Stellen sind Drückjagdstände fehl am Platz.

Stände im dunklen Stangenholz sind immer Erfolg versprechender.

Schützenstand nach Schützeneignung

Jeder Stand hat bestimmte Eigenarten und jeder Jäger besondere Fähigkeiten. Nicht allein die Auswahl der Standorte für Drückjagdstände entscheidet über Erfolg oder Misserfolg, sondern auch die Fähigkeit der Schützen, auf einem bestimmten Stand klarzukommen.

Ein langsamer Schütze ist auf einer engen Schneise überfordert und gehört daher auf einen Stand, von dem er die Sauen schon von Weitem sieht. Ein schwerhöriger Mann ist tunlichst nicht im engen Bestand zu platzieren, in dem er die Sauen nicht anwechseln hört und von ihnen also überrascht wird. Älteren Jägern, die nicht mehr so gut auf den Läufen sind, sollte man längere, zeitraubende Wege bis zum Stand ersparen.

Vorbereitung der Schützen

Bevor die Schützen einen Sitz beziehen, müssen sie Laub und Zweige entfernen, Schnee festtrampeln, um sich lautlos zu bewegen. Einerlei, ob auf einem Drückjagdbock oder auf dem Erdboden, der Schütze muss in alle Richtungen – auch aus denen er keine Sauen erwartet – einige Anschlagarten proben, das zulässige Schussfeld erkunden, sich markante Punkte und die maximale Schussentfernung einprägen, das Gelände auf Bodenunebenheiten prüfen und sich dann still verhalten, bis er Sauen vor hat oder das Treiben zu Ende ist, dabei die entsicherte Waffe nicht aus der Hand legen.

Stark von Spaziergängern frequentierte Wege sind keine idealen Standorte für Drückjagdböcke.

Auf fast deckungsfreien Flächen ist Schwarzwild schnell! Diese „Wutz" sicher zu strecken, braucht es den geeigneten Schützen.

Saujagd in der Feldflur

Hohe Schwarzwildbestände führen – nicht zuletzt in Verbindung mit einer neuerlichen Ausdehnung der Maisflächen durch den Energiemaisanbau – zu immer größeren Schäden in der Landwirtschaft. Die Bejagung des Schwarzwildes in der Feldflur gewinnt daher immer mehr an Bedeutung.

Als Überträger (nicht „Verursacher"!) der Schweinepest stellen die – übrigens europaweit! – stark angestiegenen Schwarzwildzahlen zunehmend auch eine Bedrohung für Hausschweinhaltung dar. Auch aus seuchenprophylaktischen Gründen fordern die Landwirte deshalb eine starke Reduzierung der Sauen.

Bejagung in Mais und Raps

Schweine sind die einzigen Huftiere unserer Breiten, die mehr als zwei Junge pro Wurf zur Welt bringen. Das günstige Fraßangebot, vor allem auch der erwähnte vermehrte Anbau von (Industrie-)Mais, begünstigt ihre Vermehrung zusätzlich. Das gelegentliche Aufflammen der Europäischen Schweinepest sowie Wildschäden vor allem in Regionen mit intensivem Getreideanbau erfordern neue Jagstrategien und ein Umdenken in der Bejagung von Sauen.

Schwarzwild wühlt meistens oberflächlich im Boden, sodass nur kurze Furchen entstehen, und es bricht normalerweise im Ziehen. Hausschweine dagegen wühlen länger an einer Stelle.

Schon von Weitem erkennbare tiefe schwarze Furchen in frisch gedrillten Maisäckern geben deutliche Hinweise auf Schwarzwild, noch bevor man dessen Fährten gefunden hat. Um an untergepflügten oder vergrabenen Fraß zu gelangen, brechen Sauen bis zu einem Meter tiefe Löcher in den Boden.

Maisfelder „bearbeiten" sie von innen nach außen. In den äußeren Maisreihen wird kaum gebrochen, sie bleiben als Deckung meistens unberührt und man entdeckt die Schäden erst, wenn man in das Innere des Halmenmeers eindringt.

>TIPP

Früher wurde Mais fast ausschließlich in Saatreihen gedrillt. Die Schäden sind dann oft größer, als wenn die Samen breitflächig eingebracht werden.

Bejagungsschneisen

Vor allem beim Mais- und Rapsanbau haben sich Jagdschneisen bewährt. Brei-

In unseren Wildbahnen sind Sauen die einzigen Huftiere, die (deutlich) mehr als zwei Junge zur Welt bringen.

te Schneisen, die nicht erst in die großen Schläge gehäckselt werden, wenn die Frucht hoch steht, sondern bereits bei der Aussaat ausgespart werden sollten, sind besonders hilfreich. Werden sie frühzeitig im Inneren der Schläge angelegt, brechen die Sauen mitunter auf diesen vertrauten Flächen auch am Tage. Später überfallen sie die „Lichtungen" meistens flüchtig.

Bejagungsschneisen werden von Landwirten, Jägern und der nicht jagenden Bevölkerung eher akzeptiert, wenn sie als „Kräuterstreifen" auch einen wirtschaftlichen Nutzen bringen. Durch Einsaat von Sommerweizen, Sommergerste, Braugerste, Futterroggen, Luzerne oder Gras wird für das Wild und den Landwirt ihre Attraktivität gesteigert.

Da Sauen vorzugsweise in den Saatreihen entlangziehen, sollten die Bejagungsschneisen quer dazu angelegt werden. Finden sich beim täglichen Abgehen frische Wechsel, kann ein Sitz in der Nähe je nach Hauptwindrichtung zweckmäßig sein.

Anfangs kommen die Sauen dort noch vertraut und bei gutem Licht. Dieser Umstand sollte für Gruppenansitze genutzt werden, um Strecke zu machen, denn wenn sie mehrmals beschossen wurden, meiden die Schwarzkittel solche Schneisen bei Büchsenlicht.

> **›TIPP**
>
> *Frühansitze sind an Bejagungsschneisen im Mais oder Raps meist erfolgreicher als Abend- und Nachtansitze. Die Sauen sind morgens argloser, vertrauter und oft auch noch bei Tageslicht unterwegs.*

Schneisenvarianten

Auch zwei, drei Schneisen in Form eines Krähenfußes von einem Punkt am Feldrand, wo ein Sitz steht, ausgehend, haben sich bewährt. Sie müssen aber so angelegt sein, dass die Hauptwindrichtung vom Feld zum Sitz hingeht.

Hat man das Einverständnis des Grundeigentümers, sollten parallel zum Feldrand zwei weitere Schneisen angelegt werden. Die Sauen trollen meistens zügig über die erste Lichtung hinweg, fühlen sich anschließend sicherer und ziehen vertraut über die nächste Schneise, wo man sie „vorgewarnt" erwarten kann.

Befindet sich zwischen Wald und Maisfeld kein Wirtschaftsweg, sollte dort ebenfalls eine mindestens sechs Meter breite Bejagungsschneise gemulcht werden, auch wenn sich Sauen vom Wald zum Feld und zurück meistens zügig bewegen. Halten sie sich auch am Tag im Mais auf, ist ein Ansitz zwischen Waldrand und Maisparzelle in der Regel allerdings zwecklos.

In der Praxis bewährt haben sich einfache Schneisenkreuze, die den Maisacker in vier Teile zergliedern, mit einem Sitz auf dem Kreuzungspunkt. Man vernimmt die Sauen dort eher als am Rande, hat allerdings auch nie 100%ig richtigen Wind. Anzahl und Breite der Schussschneisen hängen auch davon ab, ob sie nur für Pirsch und Ansitz oder auch für Drückjagden gedacht sind. Für die ersten Jagdarten reichen schmalere, für Drückjagden werden mindestens drei Maschinenbreiten benötigt.

Drücken im Mais

Durchdrücken von Mais fordert höchste Sicherheitsmaßnahmen. Hochläufige Hunde sollten nicht eingesetzt, Schüt-

Mais, so weit das Auge reicht. Wenn in solchen Schlägen keine Bejagungsmöglichkeiten vorgesehen werden, ist der Jäger machtlos ...

zen nicht an die Deckungskante (Mais, Getreide, Schilf, Wald o. Ä.), sondern weit abgestellt werden, sodass sie die Sauen frühzeitig sehen und ansprechen können.

Alle Beteiligten müssen darüber informiert sein, wo sich im Hinterland des Schussfeldes befahrene Straßen, Bahnlinien, Gebäude oder andere gefährdete Zonen befinden. Jedem Schützen muss beim Anstellen ein bestimmter Schusssektor zugewiesen werden. Es darf nicht in Richtung des Feldes und der Erntemaschinen und nicht weiter als 50 m geschossen werden.

Selbstverständlich ist, dass, wie bei allen Gesellschaftsjagden, die Schützen, sobald sie ihren Stand bezogen haben, untereinander Kontakt aufnehmen und nicht vor dem vereinbarten Zeitpunkt ihre Stände verlassen.

Verhalten der Sauen

Vor dem Durchdrücken eines Maisfeldes ist unbedingt zu klären, wo und in welcher Entfernung sich die nächste Deckung für die Sauen befindet, weil sie vermutlich an der dieser Deckung nächstgelegenen Stelle das Treiben verlassen.

Schwarzwild verlässt bei drohender Gefahr nur ungern den schützenden Bewuchs und drückt sich in Mais- oder anderen Getreideschlägen manchmal bei der Mahd so lange, bis nur noch zwei, drei Reihen vor dem Mähdrescher stehen geblieben sind. Aus großen Schilfflächen sind sie auch mit geeigneten Hunden und vielen Treibern kaum herauszubringen.

Ansitz an der Stoppel

Wurde ein Maisschlag gemäht und konnten sich die Sauen in Sicherheit bringen, sollte man sich später an die Stoppelfelder setzen. Mitunter kehren die Schweine am selben Abend zurück, da sie sich an die neue Situation noch nicht gewöhnt haben. Auf den hellen Stoppeln kann man sie dort auch bei schlechtem Licht oft noch gut ansprechen.

Ab einer gewissen Schlaggröße sind in Mais- und Rapsfeldern organisierte Ansitze möglichst vieler Jäger effektiv, und bei Maisdrückjagden werden revierübergreifende Gesellschaftsjagden erfolgreicher sein als solche mit nur zwei, drei Schützen.

>TIPP

Wurden Sauen durch Hunde oder Menschen beunruhigt, ohne den gedrückten Schlag zu verlassen, tun sie das oft, sobald wieder Ruhe eingekehrt ist. Es lohnt sich deshalb, ein bisschen länger auf den Ständen auszuharren.

Wenn die Führungsbache fällt …

Eine von einer erfahrenen Bache geführte Rotte verlässt den Getreideschlag, wenn aus dem Verband ein Frischling geschossen wird, und meidet ihn in den nächsten Wochen. Erlegt man irrtümlich die Bache, hat das weitreichende Folgen, bis neue Leitbachen herangewachsen sind.

Der Nachwuchs zieht nämlich nicht die Konsequenzen und verlässt die Flächen, wie es eine erfahrene Bache tut – im Gegenteil. Unerfahren im Erschließen neuer Nahrungsgründe bleibt er gerade am reich gedeckten „Maistisch" des Gebiets. Die Wildschäden werden noch größer und schwerer zu verhindern, weil das Fehlen der Bache die Restrotte besonders an die großen Schläge bindet.

Von den gravierenden Folgen des Führungsbachenabschusses für die Sozialstruktur einer Rotte soll hier gar nicht gesprochen werden.

Angeschweißt in den Mais

Flüchtet eine angeschweißte Sau in ein Maisfeld, ist für den Hundeführer eine Nachsuche wegen der dicht bei dicht stehenden Maisstängel problematisch.

Zusätzlich wirken die Blätter der Maispflanzen wie eine Markise. Der am Tag durch Sonneneinstrahlung aufgeheizte Acker kühlt nachts wesentlich langsamer ab als das freie Feld. Dadurch verhitzt ein im Maisfeld liegender Wildkörper innerhalb kürzester Zeit. Das Verhitzen wird noch beschleunigt, wenn das Stück kurz vor dem Schuss viel Mais gefressen hat und nach dem Verenden der Mageninhalt rasch gärt.

Aus dem Mais müssen erlegte Sauen möglichst rasch geborgen werden – die Verhitzungsgefahr ist groß!

Sauen im Raps

Rapsschläge ziehen wie Getreide in der Milchreife auch alte Keiler an. Nur Gerstenfelder werden, wahrscheinlich wegen der langen, festen Grannen der Ähren, von Sauen gemieden.

Auch Raps bildet nach der Blüte mit zunehmender Reife ein für Menschen nahezu undurchdringliches Wirrwarr ineinanderverschachtelter Pflanzenstängel. Rapsfelder sind deshalb attraktive Tageseinstände für Sauen. Der Schaden, den sie in solchen Schlägen anrichten, ist aber selten groß, weil die Ölfrucht kurz vor Reife von den Sauen nicht mehr gefressen wird. Schaden entsteht dann höchstens durch Wechseln und Kesseln.

Leitern und Mulchschneisen

An Schad- oder Lagerstellen lohnt es sich, eine Leiter aufzustellen. Sobald im Raps einsehbar und ein Ansprechen der Sauen gewährleistet ist, sollte ein (mobiler) Sitz am Rand der Fläche stehen.

Wenn dieses Rapsfeld verblüht ist, wird es zu einem „undurchdringlichen Dickicht".

Optimal ist es, große Rapsflächen auch durch Mulchschneisen, die von einem Sitz einzusehen sind, zu durchschneiden.

Schwarzwild, das im Wald durch Jagddruck, Pilzsammler und sonstige Waldbesucher heimlich und nachtaktiv geworden ist und seine Einstände erst im Dunkeln verlässt, wird in der Deckung großer Getreideschläge bis hin zur Ernte wieder tagaktiver. Werden sie nicht gestört, sind die Sauen den ganzen Tag über munter, man hört sie manchmal sogar mittags brechen, grunzen, schmatzen und quietschen.

Daueransitz Erfolg versprechend

Ansitze von der Abend- bis zur Morgendämmerung, vorzugsweise wenn mehrere Jäger an verschiedenen Stellen ansitzen, sind auch im Rapsfeld erfolgs-

›TIPP

Auch an Bejagungsschneisen im Raps ist der Ansitz in der zweiten Nachthälfte bis in den beginnenden Morgen hinein erfolgsträchtiger als der in die Nacht hinein. Die Sauen sind nach einer ungestörten Nacht vertrauter und je nach Wetterlage auch bei vollem Licht noch unterwegs.

trächtig, wenn man lange ausharrt und durch frühzeitiges Verlassen des Ansitzes die Umgebung nicht „verstänkert". Das gilt nicht für Schützen, die am Rand der Schläge sitzen. Sie können ihre Leitern abends verlassen, um sie am frühen Morgen wieder zu beziehen.

Die Zeiten ändern sich

In früheren Zeiten zogen die Sauen nach nächtlichen Aktivitäten im Raps fast immer in den Wald zurück, heute bleiben sie oft wochenlang in den großen Schlägen und nutzen sie als „Schlaf- und Esszimmer". Auch mit guten – und vielen – Hunden lassen sie sich oft kaum herausdrücken.

Eine Nachsuche mit ordnungsgemäßer Riemenarbeit ist auch in einem verfilzten Rapsschlag so gut wie unmöglich. Viele Hundeführer lehnen sie (zu Recht) ab, um ihren vierläufigen Jagdhelfer und sich selbst nicht in absehbare Gefahr zu bringen.

Jagd an Grünlandflächen

Nach einseitiger Ernährung mit Waldfrüchten und Mais über längere Zeit haben Sauen einen überhöhten Bedarf an tierischem Eiweiß. Diesen stillen sie unter anderem durch Larven, Würmer, Engerlinge, Puppen, Schnecken, Mäuse und Gelege von Bodenbrütern vorwiegend auf Wiesen und Viehweiden.

Außerdem sucht Schwarzwild dort vor allem im Frühjahr nach ausgleichenden eiweißreichen Pflanzen als Ergänzung zu Eicheln, Mais und Eckern. So ist nach deren vermehrter Aufnahme schon ab Oktober bis ins nächste Frühjahr hinein mit Schäden auf dem Grünland zu rechnen. Nur starker Frost und sehr regenreiche Wetterphasen halten sie dann davon ab, auf den Grünlandflächen Wühlschäden anzurichten.

Man beobachtet es auch bei Insektenkalamitäten. Fallen Larven oder Käfer, um sich zu verpuppen, nach den ersten Frösten aus den Baumkronen zu Boden, werden sie zum begehrten Fraß, und oft sind große Flächen unter den Bäumen umgebrochen – gute Plätze, um die Schwarzkittel hier abzupassen.

Reiches Fraßangebot

Unter der Grasnarbe leben zahllose Regenwürmer. Die Erschütterungen im Boden durch das Brechen der Schweine veranlassen sie, an die Oberfläche zu kriechen.

Auch Drahtwürmer, die Larven von Schnellkäfern, die sich fünf Jahre lang in feuchten Wiesen von Graswurzeln ernähren, sind von den Sauen sehr begehrt. Der Schaden dieser Würmer ist mitunter größer als der von Sauen.

Besondere Anziehungskraft üben auch Tipulalarven – die Larven der Wie-

Massive Grünlandschäden in unmittelbarer Nähe zur Stadt: „Grün" sind hier nur noch die Regeln ...

senschnaken – auf Sauen aus. Man findet sie häufiger auf Viehweiden als auf Wiesen.

Bei Mond an den Brennpunkten

Suchen die Sauen Grünlandflächen regelmäßig auf, muss man jede Mondnacht an den Schadflächen nutzen. Da die Schwarzkittel normalerweise bestimmte begrenzte Stellen vorziehen, wo der Lebensraum für Würmer oder Mäuse wegen der Feuchtigkeit, der Bodenverhältnisse oder der eingesäten Grassorten besonders interessant ist, sind dort transportable Ansitze zu empfehlen.

> **›TIPP**
>
> *Werden Wiesen oder Mähweiden mit tierischen Exkrementen gedüngt, sind sie besonders attraktiv für Schwarzwild. Gekalkte Flächen werden dagegen gemieden.*

Im Nebel und bei Tau

Auffallend ist, dass Sauen bevorzugt auf Flächen im Grünland brechen, die im Nebel liegen. Wahrscheinlich wegen der dortigen Bodenfeuchtigkeit und weniger, weil sie sich in dem Dunstschleier sicherer fühlen. Unter sonst gleichen Ver-

Tipulalarven – die Larven der Wiesenschnake – schätzt Schwarzwild ganz besonders.

hältnissen suchen sie nämlich meistens dort nach Fraß, wo es am feuchtesten ist, und sie lieben, im Gegensatz zu anderem Schalenwild, starken Tau ganz besonders.

Anpirschen

Zu Beginn der Mast kommen die Sauen meistens erst spät auf die Grünflächen. Können sie einige Nächte unbehelligt brechen, werden sie vertrauter und suchen, wenn der Tageseinstand in der Nähe ist, schon in der späten Dämmerung die Wiesen auf.

Steht der Sitz zu weit oder weht der Wind ungünstig, lassen sie sich, wenn sie abgelenkt intensiv mit Fressen beschäftigt sind, problemlos anpirschen, indem man die Rotte weiträumig umschlägt und bei gutem Wind angeht.

Weht ein starker, kalter Wind, ziehen die Sauen ungern auf größere Freiflächen, lang anhaltenden Dauerregen schätzen sie ebenfalls nicht.

Bei Trockenheit verlassen sie ihre Einstände später, ziehen als Erstes zu feuchten Plätzen, Wasserläufen oder Suhlen und erst danach auf die Grünflächen. Gerne besuchen sie dann auch Felder mit künstlicher Beregnung.

Ablenkungsmaßnahmen

Trockener Mais ist von April bis September nicht sehr attraktiv für das Schwarzwild. Wenn die Sauen ihren Mangel an tierischem Eiweiß auf den Grünflächen stillen und die sonst angenommene Maisablenkfütterungen verschmähen, kann man das fehlende, aber notwendige Eiweiß durch Zugabe eines Eiweißkonzentrats oder von Sojabohnen oder Futtererbsen liefern und so die Attraktivität der Fütterungen erhöhen.

Legitim und Erfolg versprechend ist auch, Rehwildaufbrüche an einer Schwarzwildkirrung zu vergraben. Gescheide und ggf. Geräusch sind allerdings mit reichlich Erde abzudecken, damit Schmeißfliegen ferngehalten werden.

Bei allem ausgebrachten Futter sind selbstverständlich die gesetzlichen Bestimmungen der Länder zu beachten! In Sachen Kirrung ist in der Vergangenheit von uns Jägern „des Guten“ oder auch des Falschen oft zu viel getan worden. Aufgewertet hat das unser Image nicht!

Schuss und Nachsuche

Es kann nicht oft genug betont werden: Wie vor jedem Kugelschuss auf Schalenwild muss auch beim „adrenalintreibenden" Schwarzwild sicher sein, dass

- Kugelfang vorhanden ist;
- die Sau breit steht, weil weil sich nur dann die tödliche Trefferzone in voller Größe darbietet (bei flüchtigen Sauen entsprechend vorhalten!);
- die Schussbahn frei von Zweigen oder Gras ist und das Stück den Kopf möglichst oben hat.

Wie auf die Zehn der Überläufer-Übungsscheibe des Deutschen Jagdschutzverbandes muss auch in der Jagdpraxis auf Schwarzwild geschossen werden. Das Stück sollte absolut breit stehen: Dann gibt es fast immer auch einen Ausschuss.

Der Kammerschuss

Auch bei Schwarzwild ist stets ein Kammerschuss, also ein Treffer durch den Brustkorb anzustreben. Dort werden

Der Schwarzwildkörper im Querschnitt. Wie bei anderem Schalenwild auch, ist der Schuss auf die Kammer (blaue Zone) und idealerweise ins Herz (rot) am besten.

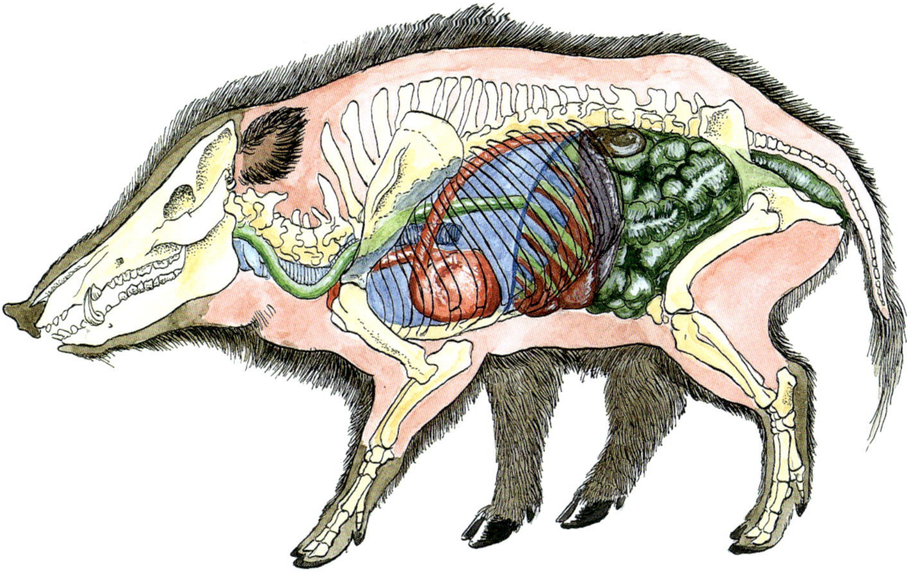

lebensnotwendige, mit der Atmung und dem Blutkreislauf in Zusammenhang stehende Organe wie Herz und Lunge, aber auch Hauptblutgefäße und Nervenstränge zerstört.

Steht das Stück auch nur wenig spitz, muss man so abkommen, dass der damit längere und wirkungsvollere Schusskanal durch die Mitte der Kammer führt. Man sollte „anatomisch" denken. Das heißt, schräg von vorn geschossen, ist vor dem Blatt abzukommen, beim Schuss schräg von hinten sollte man an der letzten Rippe anhalten.

>TIPP

Der berühmte „Schuss hinter den Teller" einer Sau ist unverantwortlich! Die tief liegende Halswirbelsäule zu treffen, ist reines Vabanquespiel. Darüber aber ist nur Nackenmuskulatur, darunter liegen Drossel und Schlund und keine lebenswichtigen Organe. Am Anschuss findet man zwar meistens viel Schweiß, das beschossene Stück aber kommt selten zur Strecke, sondern verludert.

Gefahren

Mit dem Zielstachel am Vorderlauf zum Blatt „hochzugehen", ist ein Fehler: Zu groß ist die Gefahr eines Laufschusses!

Am sichersten ist der Herzschuss. Wichtig zu wissen: Das Herz liegt beim Schwarzwild weiter vorn und tiefer als bei anderem Schalenwild! Ist der Herzschuss einfach unmöglich, schießt man gar nicht oder hält mitten auf den Körper des breit stehenden Stücks. So werden meistens die Bauchaorta, der Weidsack und der obere Leberrand durchschossen und eine längere Nachsuchen vermieden.

Eine Besonderheit sind auch die langen Dornfortsätze des Schwarzwildes (S. Abb. S. 189): Zu hohes Abkommen führt schnell zu einem Krellschuss!

Haltepunkt

Da die Wirbelsäule bei Sauen über dem Blatt und im Halsbereich im Vergleich zu anderem Schalenwild verhältnismäßig tief liegt, ist der Schuss hochblatt oder hinter den Teller abzulehnen.

Die Gefahr eines Krellschusses, bei dem das Geschoss einen der beim Schwarzwild besonders langen Dornfortsätze verletzt, ist nämlich zu groß. Zwar liegt dann das beschossene Stück für kurze Zeit, manchmal auch minutenlang im Feuer, geht dann aber flüchtig ab. Am Anschuss findet man viel Schweiß, mitunter Wildbretfetzen oder Knochensplitter vom Dornfortsatz, das beschossene Stück aber kommt auch mithilfe eines guten Hundes nicht zur Strecke.

Unmittelbar nach dem Schuss ist nachzuladen oder zu repetieren und sofort wieder in Anschlag zu gehen, auch wenn das beschossene Stück den Eindruck hinterlässt, es sei tödlich getroffen.

Zeichnen

Anders als die meisten europäischen Schalenwildarten (Muffelwild ausgeschlossen) zeichnet Schwarzwild (mit Ausnahme von Krell-, Kopf-, Nieren- und Rückgrattreffern) kaum. Selbst mit zerschossenem Hammer können Sauen mitunter wie ein Pfeil davonflüchten, als seien sie gesund. Lediglich fast unmerkliches Zusammenrucken ist manchmal zu beobachten, wobei man nie weiß, ob das Stück auf den Knall des Schusses oder die Kugel reagiert. Man ist sich also nicht sicher, ob ein Fehlschuss oder Treffer vorliegt, wenn kein Zeichnen des beschossenen Stücks einen Rückschluss ermöglicht. Auch hier gilt: Keine Regel ohne Ausnahme.

Hochblattschuss

Hochblatt getroffen, liegen die Sauen meistens im Feuer. Wurden sie hochflüchtig beschossen, gehen sie über Kopf.

Herz- und Lungentreffer

Mit einem solchen Schuss stürmt die beschossene Sau mit tief gehaltenem, oft geöffnetem Gebrech davon. Manchmal erweckt sie dabei den Anschein, als wolle sie in den Boden beißen. Der Pürzel wird ebenfalls tief gehalten. Die Fluchten erscheinen normal, werden unsicherer, kürzer, „abgehackter", bis die Sau schließlich zusammenbricht.

Weidwundschuss

Weidwund geschossene Sauen zeichnen nur selten wahrnehmbar. Junge Stücke schlagen manchmal mit den Hinterhämmern aus. Den gekrümmten Rücken, wie bei anderen Wildarten, habe ich nie beobachtet. Geht die Sau ins Wundbett, oft erst nach mehreren Kilometern, drückt sie sich mitunter wie ein Hase, das Gebräch an den Erdboden gepresst.

Laufschüsse

Bei einem hohen Vorderlaufschuss bricht das Stück zusammen bzw. knickt auf der getroffenen Laufseite ein und flüchtet mit schlenkerndem Hammer, der beim Ziehen und Trollen nachschleift.

Hinterlauf- und Keulenschüsse erkennt man besser, da die Hinterläufe als Fortbewegungsmittel und nicht nur als Stütze eine wichtigere Funktion besitzen. Je höher bei einem solchen Schuss die Keule getroffen wurde, desto schwerfälliger bewegt sich die Sau fort.

Beim fortbrechenden Stück hört man mitunter an unregelmäßigen Fluchtgeräuschen, ob es alle vier Läufe aufsetzt.

Kammer- oder Hochblattschuss: Die Sau geht über Kopf.

Gestreckte Flucht nach vorn: Der Frischling hat den Schuss …

Ein Keiler mit Kammerschuss vollführt bei seiner Flucht „Hiebe in die Luft".

Bei tiefen Kammerschüssen gehen Sauen meist mit gesenktem Wurf ab.

Geht der Schuss durch die Bauchhöhle, krümmt sich das Stück kurz bzw. macht einen Buckel.

Zertrümmert der Schuss einen Laufknochen, zeichnen Sauen oft kaum.

Knickt die Sau auf den Schuss hin ein und sitzt sie (oft klagend) auf den Keulen, spricht das für einen Lendenwirbeltreffer.

Bei einem Tiefschuss – Treffer unterhalb des Kniegelenks, hier am linken Hinterlauf, – geht die Sau meist mit angezogenem (krankem) Lauf ab.

Kugelschlag und Klagen

Ein Zeichen für den Sitz des Geschosses kann der Kugelschlag geben. Auf kurze Distanz wird er vom Mündungsknall übertönt, auf weitere Entfernung vernimmt man ihn je nach Wind und Wetter mitunter deutlich, da das Geschoss später auf den Körper des beschossenen Stücks trifft, als der Mündungsknall erfolgt. Dumpfer Kugelschlag lässt auf einen Treffer im Hohlraum- beziehungsweise Weichteilbereich, also Weidsack, Lunge, Darm, Leber usw. schließen, hell und trocken klingender Kugelschlag spricht für einen Knochenschuss, und ein hell sowie satt klatschender Ton zeigt einen Treffer in die mit Flüssigkeit gefüllte Kammer.

Der Kugelschlag ist aber kein sicherer Hinweis, denn der Geschossaufschlag auf weichen Moorboden kann ebenso klingen wie ein Pansentreffer. Gerade bei Schwarzwild ist er durch die dichte Schwarte und dazu eventuell dicke Schicht Weiß ein noch weniger verlässliches Zeichen als bei anderem Wild.

Bei Nieren- und Knochentreffern klagt Schwarzwild oft lange.

Anschussbereich einprägen

Wie bei allem Wild muss sich der Schütze auch beim Schwarzwild den Anschussbereich merken und ihn finden und markieren können. Ist das Stück nicht in Sichtweite verendet oder hörte man es nicht in der Nähe zusammenbrechen, wird nach angemessener Wartezeit der Anschuss untersucht. Finden sich dort keine Schusszeichen, bedeutet das nicht, dass gefehlt wurde, wie das Beispiel im Kasten belegt.

Wichtig ist, jedes auch noch so unscheinbare Pirschzeichen sofort zu verbrechen, unabhängig davon, ob eine Nachsuche bevorsteht, da man es bei veränderten Lichtverhältnissen oft nicht mehr wiederfindet. Ein Stückchen Toi-

›INFO

Und doch getroffen

Auf einer Drückjagd wurde ein Überläufer, der über einen breiten Sandweg flüchtete, beschossen. Der herbeigerufene Hundeführer fand nach einigem Suchen das Geschoss im Sand und übergab es dem Schützen in der festen Meinung, das Stück sei gefehlt worden. Beim Schüsseltreiben wurde das verformte Projektil herumgereicht und dabei festgestellt, dass Borstenstückchen daran klebten. Am nächsten Morgen kontrollierte man natürlich noch einmal und fand den verendeten Überläufer mit Blattschuss nur wenige Meter neben dem Anschuss.

lettenpapier oder ein Papiertaschentuch erfüllen hier bessere Dienste als „waidgerechte" und später kaum wiederzufindende Brüche.

Nun muss auf jeden Fall ein geeigneter Hund geholt werden.

Auf der Wundfährte

Jeder Jäger ist aus Gründen der Waidgerechtigkeit verpflichtet, angebleites Wild nachzusuchen oder einen erfahrenen Hundeführer damit zu beauftragen. Wer angeschossenes Wild nicht nachsucht, verstößt gegen das Tierschutzgesetz (§ 17 Nr. 2 b).

Krank werden lassen

Unmittelbar nach dem Schuss der Sau zu folgen, ist, wie bei allen anderen Wildarten auch, nur ratsam, wenn man sich seiner Kugel absolut sicher ist. Andernfalls sollte man mindestens eine Stunde warten, damit das Stück ungestört im Wundbett krank werden kann. Angeschossenes Wild spürt kurz nach dem Schuss noch keinen intensiven Schmerz, sucht instinktiv Deckung auf und geht bald ins Wundbett.

Meist hat es die neue Situation noch nicht erkannt und bekommt Fieber, sofern man es nicht stört. Bei vorzeitigem Aufmüden helfen ihm angeborene Strategien wie Haken und Widergänge und es ist schwer zur Strecke zu bringen.

>TIPP

Während sich angeschweißte ältere Sauen in der Regel von der Rotte absondern, versuchen angeschweißte Frischlinge, sich nach dem Schuss dem flüchtenden Familienverband anzuschließen: Sie fühlen sich zwar krank, aber nicht verfolgt und besitzen nicht genügend Selbstvertrauen, um allein zu bleiben.

Aufgemüdetes Schwarzwild versucht seinen Tageseinstand zu erreichen, auch wenn der nicht, wie beim Rehbock, in der Nähe, sondern kilometerweit entfernt ist. Meistens versuchen kranke Sauen, an Wasser oder in dessen Nähe zu gelangen, selbst wenn sie dafür lange Strecken zurücklegen müssen.

Zwar mag es in manchen Fällen gelingen, der Wundfährte allein oder mit ungeübtem Hund zu folgen. Man wird aber wertvolle Zeit verlieren und dabei mit den Schuhsohlen Pirschzeichen verwischen oder verteilen, dem hinzugerufenen Schweißhund so die Arbeit erschweren und dem wunden Stück einen Vorsprung verschaffen.

Keine Freiverlorensuche

Auf keinen Fall lässt man seinen Hund freiverlorensuchen! Eine „Nachsuchensünde" ist ebenso ein Herumgeleuchte mit der Taschenlampe bei Dunkelheit: Merke: Im Dunkeln gibt es keine Nachsuche, nur Aasjägerei!

Im Zweifelsfall ist bei einer eventuell anstehenden Nachsuche ein Spezialist mit seinem Schweißhund zu holen.

Abfangen

Nicht selten besteht am Ende der Nachsuche die Notwendigkeit, eine noch lebende Sau zu Strecke zu bringen. Das Abfangen eines schwachen Stücks Schwarzwild mit der blanken Waffe ist nicht schwierig, wenn man es am erlegten Stück geübt hat. Dabei sollte man sich dem Wild bei gutem Wind von hinten nähern und die Klinge hinter dem Blatt nach vorn in den Wildkörper stoßen. Wenn es gelingt, das Messer zu drehen oder die Klinge mit einer schneidenden Bewegung nach unten zu drücken, wird ein schwaches Stück schnell verenden.

Schwerere Sauen wird man selten am Boden halten können, denn nach dem Fang nutzen sie erneut alle ihre Energiereserven, werden noch einmal sehr „lebendig" und flüchten noch einige Meter. Bekommt man die Messerklinge nicht frei, lässt man das Stück besser laufen. Jäger, die ihr Messer mit einem Fangriemen am Handgelenk befestigen, riskieren nämlich einen Armbruch! Wenn die Hunde die Sau nicht ablenken (die Hunde

>INFO

„Schweinerollen"

In Neuseeland gibt es gute Bestände von Nachfahren der vor fast 200 Jahren ausgesetzten Hausschweine. Diese Wildsauen haben auf der grünen Insel hervorragende Lebensbedingungen gefunden, sich gut entwickelt, sind aber nicht so schwer wie unsere heimischen Schwarzkittel. Ich lernte von den Ureinwohnern, den Maoris, das Schwein zu „rollen", das heißt, es an einem Hinterhammer zu greifen, auf die Seite zu werfen und das Messer hinter dem Blatt in den Wildkörper zu stoßen. Das klingt schwieriger, als es ist. Es gehört nur Überwindung dazu, weil Sauen als wehrhafte Wildart im Ruf stehen, unberechenbar und gefährlich zu sein, und manche Jäger deswegen vor solchen „Taten" zurückschrecken.

werden beim Näherkommen des Menschen meistens heftiger), läuft der Jäger Gefahr, von der in die Enge getriebenen Sau angenommen zu werden.

Der Fangschuss

Hat sich das Stück in dichtem Gestrüpp gestellt und ist ein sicherer Schuss ohne Gefährdung der Hunde trotzdem möglich, bevorzugen viele Jäger (aus Tierschutzerwägungen) statt des Abfangens den Fangschuss.

Wichtig ist, dass man sich dem angeschossenen Stück bzw. dem Laut des verfolgenden Hundes unter Wind nähert. Derjenige, der wenig Erfahrung mit Nachsuchen hat, tut gut daran, sich vom Hundeführer einweisen zu lassen. Wenn nicht anders vereinbart, wird grundsätzlich er den Fangschuss geben.

Der Fangschuss sollte auf die Kammer des breit stehenden Stücks und muss immer (!) ohne Gefährdung des Hundes oder Hinterlandes abgegeben werden. Das gilt auch, wenn das Stück liegt. Ist das nicht möglich, gilt die Devise: Jeder Schuss auf verletztes Wild ist waidgerecht, auch wenn es dadurch nicht sofort verendet. Auf Wildbretentwertung darf keine Rücksicht genommen werden!

Die meisten Nachsuchenspezialisten führen auch bei der Nachsuche auf Sauen eine Langwaffe, in der Regel spezielle Nachsuchenrepetierer mit kurzem Lauf. Er gewährleistet eher einen sicheren Schuss „in der Hitze des Gefechts“ als eine Kurzwaffe (in meist ungeübter Hand).

Die Fangschusswaffe

Manche Jäger benutzen für Fangschüsse eine Lang-, andere eine Faustfeuerwaffe. Ein Revolver ist einer Pistole vorzuziehen, weil er einfacher zu handhaben ist und man stärkere Munition verschießen kann. Die Durchschlagskraft der propagierten Patrone .38 Special ist meines Erachtens zu schwach, um eine annehmende Sau zu stoppen. Hierfür ist man mit der .357 Magnum besser bedient.

Kurzwaffen stehe ich jedoch generell skeptisch gegenüber, da viele Jäger zu untrainiert im Schießen mit Revolvern und Pistolen sind.

Ich führe auch auf Nachsuchen meinen umgebauten 98er Karabiner im Kaliber 8 x 57 und schieße Vollmantelgeschosse, die durch dichteres Gezweig ohne Richtungsänderung und auch durch den Wildkörper dringen. Teilmantelgeschosse werden durch dünne Zweige leicht abgelenkt, zersplittern vor dem Ziel oder im Wildkörper und gefährden beim Austritt aus dem Wildkörper die Hunde.

Der Schuss auf annehmende Sauen

Wird man von einer am Ende der Nachsuche gestellten Sau angenommen, sollte man sich – wie bei allem annehmenden Wild – für die Fangschussabgabe hinknien. So wird der Schusswinkel deutlich günstiger!

Auf eine annehmende Sau ist der Schuss im Knien ratsam: So läuft das Stück nicht so schnell wie in der unteren Darstellung aus dem Schussbereich heraus.

Verwertung des Schwarzwildes

Wildbretqualität

Wildbret, ein wertvolles Gut unserer Reviere und auch ein Grund zu jagen, verdirbt wegen seines hohen Eiweißanteils relativ schnell. Ein gesundes Stück Schalenwild hat eine Körpertemperatur von 37 bis 38 Grad Celsius.

Risiko Verhitzen

Die Körpertemperatur steigt in kurzer Zeit, beispielsweise wenn das Stück angeschweißt oder gehetzt wird, auf 40 Grad und höher an.

Noch schneller verhitzt Schwarzwild, wenn es aus der Suhle kommt, da die Schlammschicht wie eine schützende Haut isoliert und die Körperwärme nur langsam abgibt. Verendet eine Sau in einer Schilfpartie oder im Maisfeld, ist das ebenfalls gefährlich. Die hohen Pflanzen speichern die am Tage vom Boden aufgesogene Temperatur und geben sie nachts wesentlich langsamer ab als niedriger Bewuchs im freien Feld, wo Wind für Abkühlung sorgt. Besonders bei Schwarzwild wirken sich folgende Faktoren aus:

Im Sommer ist auch bei Sauen die Gefahr des Verhitzens größer als bei niedrigen Außentemperaturen.

- Jahreszeit (Ernährungszustand/ Stärke des Weiß),
- Umgebungstemperatur,
- Körpertemperatur und Konstitution des Stücks bei Schussabgabe und beim Verenden,
- Sitz und Größe des Ausschusses (kann die Körperwärme aus dem Wildkörper entweichen?),
- Zeit zwischen Schussabgabe und Verenden beziehungsweise Auffinden.

Wird Schwarzwild nicht bald nach dem Erlegen aufgebrochen oder gelüftet, beginnt der Fraß im Weidsack zu gären, und der noch nicht ausgekühlte Wildkörper sowie warme Außentemperaturen machen das Wildbret unter Umständen schon nach ein bis zwei Stunden ungenießbar.

›TIPP

Abends erlegte Sauen haben meistens einen leeren Weidsack, verhitzen nach dem Verenden nicht so schnell, können aber häufig wegen anbrechender Dunkelheit nicht sofort nachgesucht werden. Morgens geschossene Schwarzkittel haben meist einen vollen Weidsack, die Gefahr des Verhitzens ist größer. Ihnen kann man aber schon nach kurzer Wartezeit bei Helligkeit mit dem Hund folgen.

Starke schneller als schwache

Starke Sauen verhitzen schneller als schwache, da sie eine dickere Schwarte und mehr Weiß haben, was schnelles Auskühlen verhindert.

Die Hetze eines Stücks oder langes Schlegeln im Wundbett bedeuten Stress und Belastung, beeinflussen den Stoffwechsel, erhöhen das Risiko des Verhitzens, mindern die Fleischqualität und begünstigen die „Fleischreifung“, weil sich die normale Körpertemperatur vor dem Verenden erhöht. Die Außentemperatur spielt dabei nur eine geringe Rolle.

Unverzügliches Aufbrechen ist daher bei Schwarzwild besonders wichtig. Einweghandschuhe dienen dabei der Wildbrethygiene und dem Selbstschutz.

Transport

„Rasch und luftig in die Wildkammer“ heißt die Devise nach dem Erlegen. Weil nicht jeder Jäger über ein geländegängiges Fahrzeug verfügt und das Stück nicht immer in der Nähe eines befestigten Weges fällt, ist sie oft schwierig einzuhalten.

Mit einem Strick, um den Wurf geschlungen, kann man auch eine stärkere Sau auf dem Rücken liegend verhältnismäßig einfach zum nächsten Weg ziehen. (Achtung, dass die Waffen nicht beschädigt werden!) Es empfiehlt sich nicht, die Vorderhämmer zu hessen, wie

Ist die erlegte Sau deutlich stärker, leistet ein um den Wurf geschlungener Strick beim „Vorliefern" gute Dienste.

Leichter geht's mit einer Laderampe ...

>TIPP

Kühlakkus der einfachen Art

Es empfiehlt sich für den Fall der Fälle immer ein paar gut durchnässte und dann ausgedrückte, zu festen Rollen gedrehte und in Plastiktüten gewickelte Frotteehandtücher in der Tiefkühltruhe zu lagern. Vor einer längeren Autofahrt oder wenn eine Sau nicht sofort auskühlen kann, steckt man zwei solcher hart gefrorenen Rollen in den Brustraum des Stücks. So ein Handtuch-„Eisblock" hält sich über mehrere Stunden und verhindert das Verhitzen des Wildes.

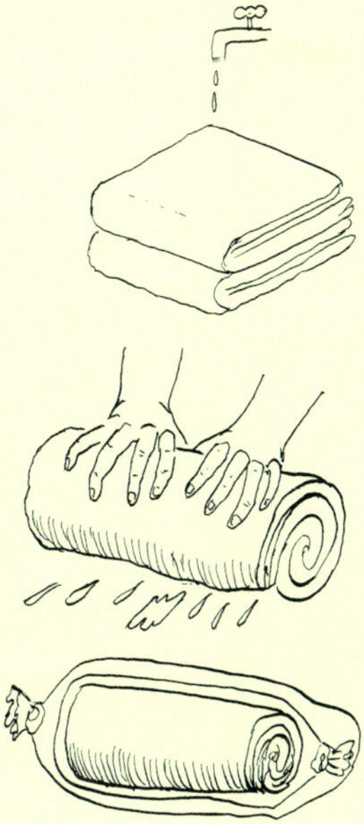

bei anderem Wild üblich, da das Gebräch an Baumstubben, Bodenunebenheiten oder niedrige Pflanzen anstößt und das Ziehen erschwert. Handelsübliche Bergehilfen leisten gute Dienste. Sie werden meist am Unterkiefer eingehakt.

Eine erlegte Sau lässt sich leichter in den Kofferraum des Autos bugsieren, wenn man eine Planke, ein Brett, oder zwei dünne Bäumchen als Laderampe (schiefe Ebene) nutzt. Aber Vorsicht, dass die langen Federn für einen Saubart nicht beschädigt werden oder abbrechen. Sie sollten vorher einzeln oder in kleinen Büscheln herausgezogen werden.

Auch dürfen die Gewehre nicht hart auf den Boden schlagen, da sie spröde sind und leicht platzen.

Keilerwaffen und Bachenhaken

Mit etwas Geschick kann man diese Trophäen selbst herrichten. Das Heikelste ist das Absägen der Kiefer. Heikel, weil von dem Zahn nur etwa ein Drittel zu sehen ist und schnell das Zahnende durchgesägt wird. Die Zahnbetten der Bachen wurzeln nicht so tief, aber auch da ist es sinnvoll, einen Sicherheitsspielraum einzuhalten.

Auslösen

Beginnend am Oberrand des Zahnfleisches schwartet man den Wurf bis zum letzten Backenzahn ab und trennt mit einer (Metall!-)Säge Ober- und Unterkiefer auf Höhe des M_1, bei reifen Keilern des M_2 ab. Die Kieferteile werden in kaltem Wasser aufgesetzt (sie sollten mit den Zähnen nach oben zeigen und die Topfwand möglichst nicht berühren) und das Wasser sehr, sehr langsam zum Sieden gebracht. Große Temperaturschwankungen oder Austrocknung lassen die Zähne reißen. Nach einer halben Stunde prüft man, ob die Zähne „wackeln". Ist das der Fall, lässt man sie im Wasser abkühlen, keinesfalls darf man sie abschrecken.

Bei reifen Keilern lassen sich die Gewehre nach vorn herausziehen (Achtung: dabei mit einem Lappen umwickeln!). Die Waffen jüngerer Stücke dagegen sind am unteren Ende breiter und können nur nach hinten aus dem Zahnbett hinausbefördert werden: Hierzu werden die vier Backenzähne mit einer Zange gezogen und mit einem Draht oder einem kleinen Schraubenzieher durch das Mark des Unterkiefers das dünne knöcherne Zahnbett ertastet. Kurz davor wird dann gesägt. Die Gewehre werden nach vorn gezogen, es muss erneut gesägt werden, bis sich der Zahn unter leichtem Wackeln nach hinten herausziehen lässt.

Die Haderer beziehungsweise Haken im Oberkiefer lassen sich ebenfalls mithilfe eines Lappens herausziehen. Gelegentlich müssen sie aber (mit einem

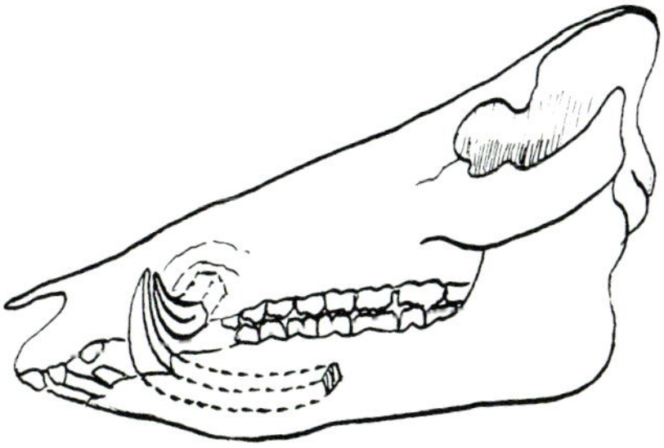

Die Gewehre des Keilers stecken zu großen Teilen im Kiefer.

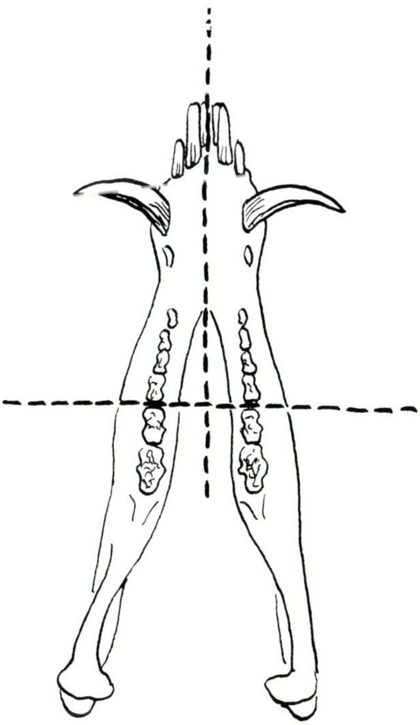

Vor dem Abkochen kommt es auf die richtige Schnittführung an. Beim schwächeren Keiler verläuft sie hinter dem M_1 des Unterkiefers, beim starken hinter dem M_2.

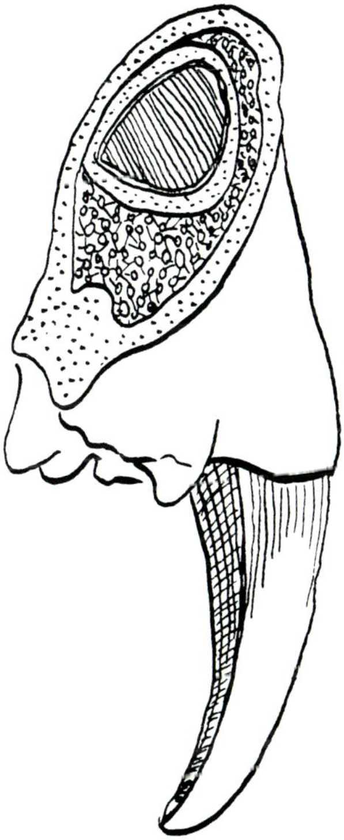

Richtig abgesägt, lässt sich der Eckzahn nach hinten aus dem Kiefer drücken. Sehr starke Gewehre kann man oft auch nach vorn herausziehen.

kleinen, geschärften Schraubenzieher) herausgemeißelt werden. Anschließend werden das Innere mit einem Draht von Gewebe befreit und die Zähne lauwarm abgespült. Vor dem Trocknen empfiehlt es sich, die Keilerwaffen gründlich mit Waschbenzin von Fettresten zu reinigen und sie keinesfalls in der Nähe einer Wärmequelle (Heizung, Ofen) zu deponieren, weil sie dort innerhalb kurzer Zeit reißen.

Ausgießen und Aufsetzen

Das Ausgießen mit Wachs oder Paraffin bietet keinen dauerhaften Schutz vor dem ohne Füllung unvermeidlichen Reißen. Geeigneter sind im Jagdfachgeschäft oder auch in Modellbaugeschäften erhältliche Füllharze, die genau nach Gebrauchsanweisung verwendet werden müssen.

Da die Zähne beim Ausgießen recht heiß werden, müssen sie aufrecht stehen. Mit Wäscheklammern können sie in jeder gewünschten Stellung fixiert werden. Man kann die Spitzen auch in eine Schale mit Sand drücken.

Dabei ist darauf zu achten, dass der Sand nicht eiskalt ist. Etwas Knetmasse, als Ring um die Zahnöffnungen gelegt, verhindert ein Kleckern des Füllstoffes. Damit der Zahnschmelz später nicht beschädigt wird beziehungsweise abplatzt, kann man die Zähne mit Lack (seidenmatt/farblos) überstreichen. Zum Aufsetzen empfehlen sich Halterungen aus dem Fachhandel. Sie sollten mit einer kleinen Schraube von der Rückseite her befestigt statt aufgeklebt werden. Bretter für die Montage sowie Eichenblätter aus Zinn oder Aluminium zum Abdecken sind im Fachhandel erhältlich.

›TIPP

Ich verwende zum Ausgießen von Keilerwaffen eine preisgünstige Alternative zu Füllharzen aus dem Handel: Heißkleber der Variante „hochfest". Andere Heißkleber sind ungeeignet. Vor dem Einfüllen müssen die Waffen langsam im Wasserbad erwärmt werden, damit sie beim ersten Kontakt mit dem heißen, dünnflüssigen Kleber nicht wegen des großen Temperaturunterschieds reißen.

Aufgesetzte Keilerwaffen. Eichenblätter zum Abdecken sind im Fachhandel erhältlich, das Brett kann man auch selbst herstellen.

Saubart

Zum Binden eines Saubartes eignen sich am besten die langen Borsten (Federn) aus der Schwarte des vorderen Rücken-

> **›TIPP**
>
> *Ich benutze zum Ausziehen der Saufedern eine Flachzange, die mit Klebeband umwickelt ist. So werden die Borsten nicht beschädigt.*

bereichs. Die schönsten Bärte liefern nicht starke, alte Keiler, sondern Überläufer von um die 50 bis 60 kg beiderlei Geschlechts oder Frischlinge mit ihren langen schwarzen Federn, die sie nach dem ersten Haarwechsel tragen.

Zupfen

Für einen Saubart werden die Federn am besten gegen den Strich, also zum Kopf der Sau hin ausgezogen, und das, solange das Stück noch warm ist. Aber Achtung: Die Haare dürfen nicht geknickt werden!

Eine einmal gerupfte Schwarte hat natürlich gelitten: Sie anschließend noch zu gerben, lohnt sich nicht mehr.

Die ausgezogenen Borsten werden zu einem Bündel zusammengelegt, mit einem Gummiband zusammengehalten und in Zeitungspapier gewickelt.

Die ausgerupften Federn wirken wegen der anhaftenden dicken Unterwolle zahlreicher, als sie es tatsächlich sind. Deswegen ist es nicht von Schaden, reichlich zu rupfen, um sich später Enttäuschungen zu ersparen.

Saujäger schmücken ihren Hut gern einmal „mit fremden (Sau-)Federn".

Binden

Zu Hause wird das Bündel einige Male mit etwas Shampoo gewaschen, gut ausgespült und mit einem Kamm „verlesen". Dazu werden mehrere kleine Bündel geformt, unterhalb der Spitzen gefasst und Unterwolle sowie zu kurze Borsten gegen die Wurzeln hin ausgekämmt.

Anschließend stellt man die Haare in ein schmales Glas und stößt ein paar Male auf eine harte Unterlage. Auf einer hellen Unterlage ausgebreitet lassen sich danach die restlichen zu kurzen Borsten aussortieren.

Ein Saubart kann mit den Haarspitzen oder mit den Haarwurzeln nach oben gebündelt werden. Bei der ersten Methode wird der Bart unten sehr massiv, oben je-

Durch Umwickeln mit einem Streifen Pappe und mit einer durch das Paket gesteckten Nadel lässt sich der Saubart zum Kleben einfach fixieren.

doch dünn. Bei der zweiten wirkt er voller und elastischer. Vor dem Binden steckt man den Bart nochmals ins Sortierglas. Der spätere obere Teil wird wieder durch leichtes Stoßen des Glases auf den Tisch auf gleiche Höhe gebracht, der Bart erhält so einen bündigen Abschluss. Weil einzelne Borsten gebogen gewachsen sind, werden sie noch einmal durch leichtes Streichen mit der Hand in eine Richtung gebracht.

Nun wird der Bart an seiner Basis mit starkem Zwirn umwickelt und die unteren zwei bis drei Zentimeter werden in Klebstoff (Zweikomponentenkleber) getränkt. Danach kann man ihn mit Filz oder Leder umnähen. Die Höhe hängt von der des jeweiligen Halters ab.

Die Schwarte

Bereits während des Aufbrechens ist auf fachgerechte Schnittführung zu achten, damit die Schwarte nicht durch asymmetrische „Zipfel" verunstaltet wird.

Körper und Läufen aus der Schwarte schlagen

Dem mit gestreckten Läufen rücklings auf dem Boden liegenden Stück wird die Schwarte, zwischen den Ballen der Schalen beginnend, mittig an der Innenseite der Vorderhämmer bis zur Achselhöhle aufgeschärft, dann leicht aufwärts zur Spitze des Brustbeins hin geschnitten. An den Hinterläufen wird ebenfalls zwischen den Ballen begonnen, ab der Kniekehle wird über dem unteren Rand der Keule in leichtem Bogen bis zum Weidloch geschärft. Treffen sich die Schnittlinien nicht in einem Punkt am großen Längsschnitt, entstehen hässliche Zipfel.

Anschließend wird der Pürzel vorsichtig, damit die Haarwurzeln nicht zerstört werden, bis zur Spitze aufgeschärft, ausgelöst und es wird mit dem Abschwarten begonnen. Die Läufe werden an den Hand- und Fußgelenken durchgeschärft und verbleiben an der Schwarte.

Kopf abschwarten

Beim Aufbrechen beziehungsweise Abschwarten des Kopfes wird der Schnitt durch die Unterlippe bis zur Wurfscheibe

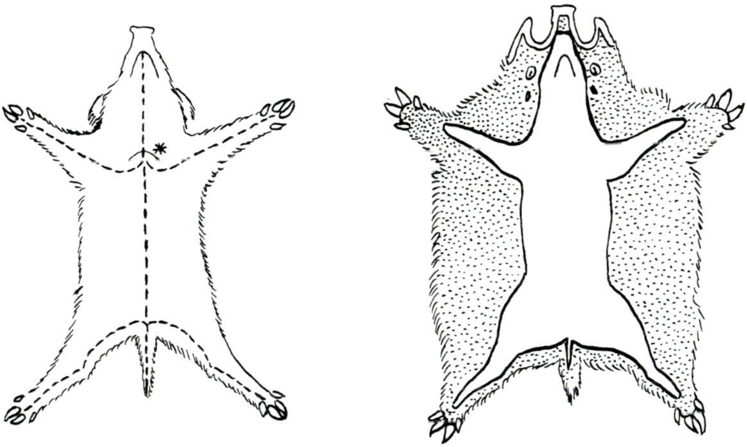

Schnittführung beim Abschwarten einer Sau, um eine ansehnliche Schwarte zum Gerben zu erhalten. (Das Sternchen in der linken Zeichnung bezeichnet die Brustbeinspitze.)

geführt, dabei ist sorgfältig darauf zu achten, dass die inneren Augenlider, Lippen-, Nasen- und Gehörknorpel so dicht wie möglich am Schädelknochen durchschärft werden.

Haben wir bisher am Boden gearbeitet, sollte man, nachdem das Wildbret versorgt ist, die folgenden Arbeiten sitzend bei gutem Licht ausführen.

Sollen die Schalen an der Schwarte verbleiben, ist sorgfältig darauf zu achten, dass die Zehenknochen vollständig entfernt werden (Fäulnisgefahr!). Beim Auslösen der Fußknochen und Zehen ist besondere Achtsamkeit geboten. Sehr gut eignet sich hierfür ein kleines scharfes Messer mit gebogener Spitze und für das Ausdrehen der Zehenknochen eine Flachzange.

Lippen, Lider, Teller und Schild

Die Lippen, der fleischige Teil der Augenlider und die Teller müssen gespalten werden. Ebenso der Knorpel des Wurfes, der so weit wie möglich entfernt werden muss. An den Tellern werden mit kleinen Schnitten die Schicht zwischen äußerer Haut und Teller zertrennt und die Ohrmuschel umgestülpt. Das Schild, also die Schutzschicht der Schultern, muss auf der Fleischseite kreuzweise eingekerbt, eine dicke Weißschicht mit dem Messer abgeschabt werden, damit das Salz eindringen kann.

Vor dem Gerben

Die vom Wildkörper gelöste Schwarte wird nun ausgebreitet und mit Tafel- oder Futtersalz (kein Steinsalz!) bestreut.

Die Schwarte liegt mit der Fleischseite nach oben, das Salz wird in die Mitte geschüttet und nach allen Seiten gleichmäßig verteilt. Es ist darauf zu achten, dass die umgedrehten Ohrmuscheln, die Hohlräume der Schalen, die gespaltenen Lippen, Lider und der Pürzel besonders mit Salz eingerieben werden.

Die Ohrmuscheln werden anschließend wieder zurückgestülpt und mit Salz gefüllt. Auch der äußerste Rand der

>TIPP

Für die Menge des benötigten Salzes, die zur Konservierung einer Sauschwarte gebraucht wird, gilt folgende Faustregel: Für einen 50 kg schweren Überläufer benötigt man ungefähr fünf Kilogramm Salz.

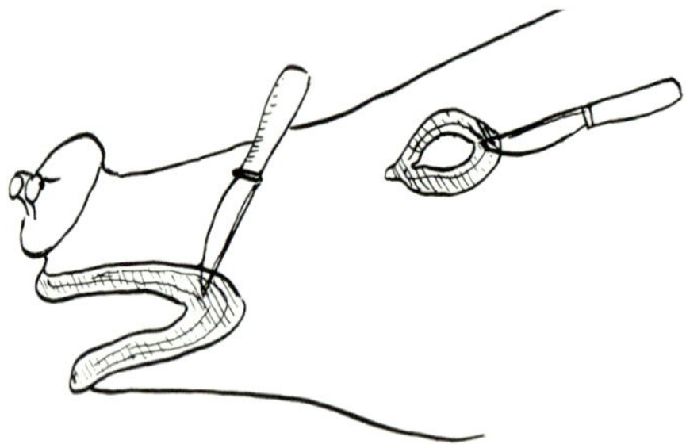

Augenlider, Lippen und Wurf werden von der Innenseite der Schwarte her gespalten, das Knorpelmaterial wird so weit wie möglich entfernt.

Der Teller wird von der Borsten- zur Fleischseite von der Schwarte gedrückt.

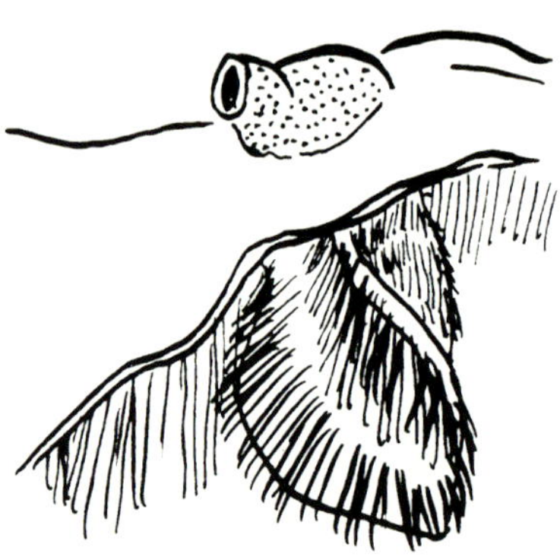

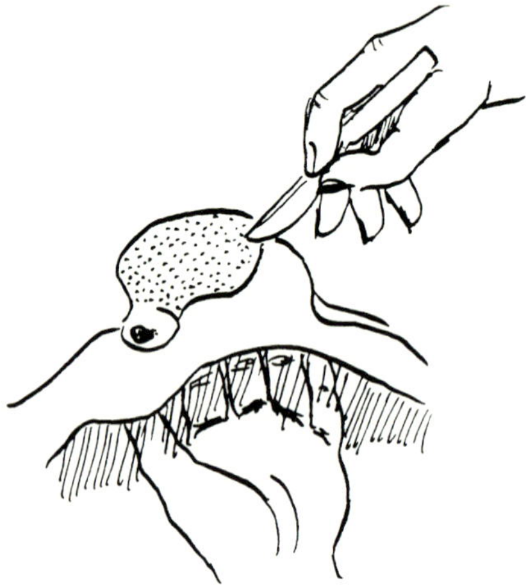

Mit dem Messer wird anschließend die Schicht zwischen Knorpel und Haut durchtrennt …

… bis der Teller vollständig umgestülpt ist.

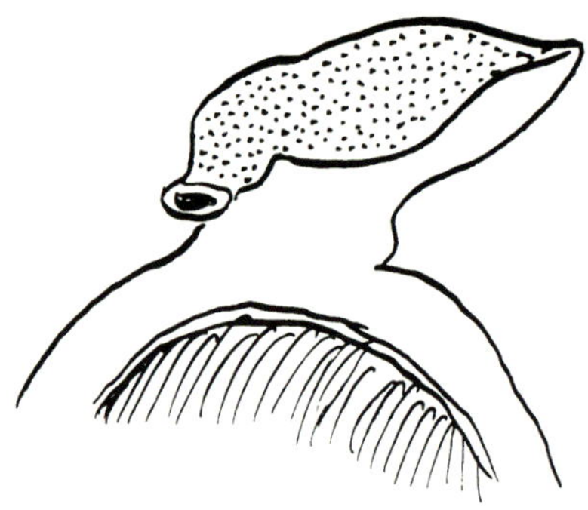

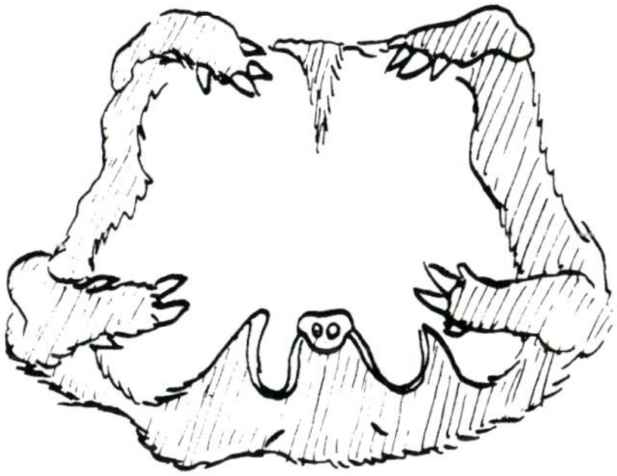

Die Ränder der Schwarte werden nacheinander zur Mitte hin umgeschlagen.

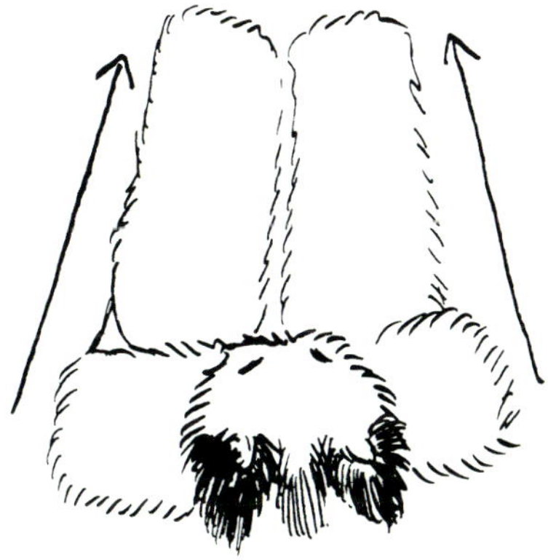

Vom Kopfende her wird die Schwarte eingerollt und zum Transport in eine Wanne gelegt.

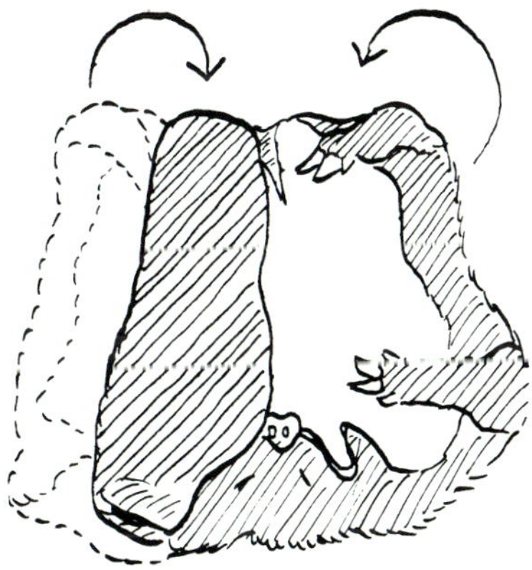

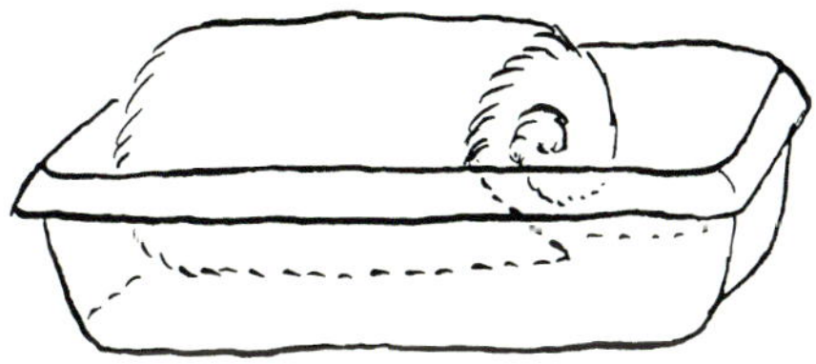

Schwarte muss sehr sorgfältig mit Salz eingerieben werden, da er sich sonst einrollt und unweigerlich fault.

Dann wird die Schwarte, am Kopf beginnend, eingerollt und in einer Wildwanne transportiert. Nach ungefähr zwölf Stunden wird das Salz wässrig, und die Stellen, die noch fleischig oder blank sind, müssen nachgesalzen werden. In den folgenden Stunden bilden sich bis zu einigen Litern Salzlauge.

Je nach ihrer Größe und Dicke wird die Schwarte nach ungefähr 30 Stunden folgendermaßen zusammengelegt: Läufe, Pürzel, Wurf und Hautränder werden nach innen geklappt, anschließend jeweils die beiden Hälften (s. Abbildung). Das Ganze wird, beim Wurf beginnend, aufgerollt.

Es ist empfehlendswert, sich spätestens jetzt, nach dem Salzen, beim Gerber der Wahl zu erkundigen, wie nun weiter zu verfahren ist: ob die Schwarte in die Tiefkühltruhe wandern und eingefroren werden soll oder ob sie sofort angeliefert werden kann.

Keilerkopfpräparat

Für viele Jäger haben Gewehre, Haderer oder Haken, selbst eines Überläufers, als Trophäe einen hohen Erinnerungswert.

Ein erfahrener Präparator fertigt täuschend ähnliche Abgüsse der Originalwaffen für die Montage an, und der Erleger kann seine Trophäe „extra" an die Wand hängen.

›TIPP

Man sollte sich Arbeiten verschiedener Präparatoren ansehen, bevor man sich für denjenigen entschließt, der den Keilerkopf „ausstopft". Auch hier gilt: Gute Qualität muss und darf mehr kosten.

Vorbereitung durch den Jäger

Neben einem guten Präparator ist gute Vorarbeit des Jägers entscheidend. Soll das Haupt eines erlegten Keilers präpariert werden, darf die Unterlippe beim Abschwarten nicht aufgeschnitten werden, man muss mit dem Aufschärfen ungefähr 20 Zentimeter vorher aufhören. Hämmer und Pürzel werden naturgemäß für eine Schultermontage nicht benötigt.

Wurde die Schwarte bis fast zum Kopf hin vom Wildkörper gelöst, wird

Der Schnitt endet 20 cm vor der Kinnspitze.

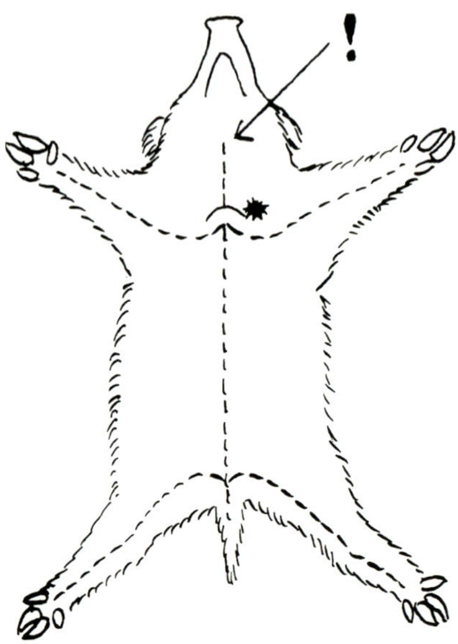

Ist das Stück so weit abgeschwartet, wird der Schädel abgetrennt. Er verbleibt an der Schwarte.

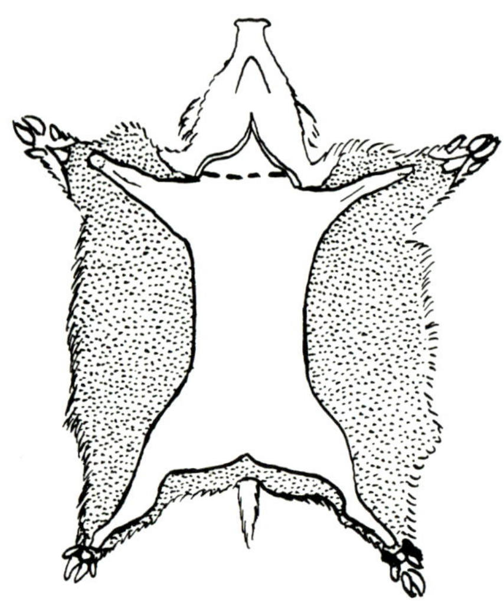

das Haupt abgeschärft (oder abgesägt). Bleibt die Schwarte dabei ausgebreitet, erleichtert das die Arbeit. Beim Abschärfen sollte man den Anteil, der am Kopf verbleibt, großzügig bemessen, denn mit einem „Zuviel" hat der Präparator weniger Probleme als mit einem „Zuwenig", und durch einen zu kurzen Trennschnitt wird das Formen einer eindrucksvollen Trophäe unmöglich.

Einfrieren oder salzen

Nun wird die Schwarte Fleisch- auf Fleischseite zusammengelegt, aufgerollt und in der Kühltruhe verstaut oder sofort zum Präparator gebracht. Ist das nicht

An der gestrichelten Linie kann die Schwarte abgeschärft werden, denn ihr hinterer Teil wird für die Kopfmontage nicht benötigt.

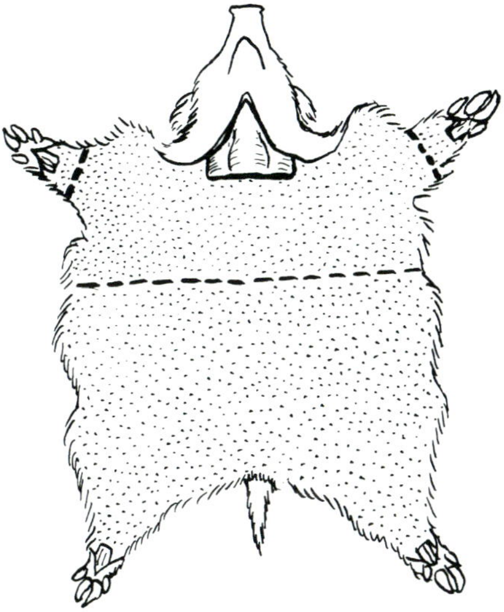

Ganzkopfpräparat eines Keilers: ein beeindruckender Wandschmuck

möglich, werden die Schilde vor dem Zusammenrollen kreuzweise eingekerbt und alles Fleisch dick mit Salz eingerieben.

Außer zum Einfrieren sollte die Trophäe nicht in einem geschlossenen Plastikbeutel sondern in einem offenen Behälter auf einer dicken Lage Zeitungspapier oder auf Zweigen aufbewahrt werden. Das Salz bildet bald reichlich Flüssigkeit und lässt die Schwarte sonst „im eigenen Saft" schwimmen. Landet sie in der Tiefkühltruhe, muss diese mindestens zehn Stunden lang auf „Superfrost" eingestellt werden.

Reviereinrichtungen und Ausrüstung

Jagdeinrichtungen

Ohne der „Möblierung des Waldes“ das Wort reden zu wollen: Ein sinnvolles Netz aus Ansitzeinrichtungen und weiteren Reviereinrichtungen ist für erfolgreiche und störungsarme Schwarzwildjagd einfach unverzichtbar.

Freilich ist auch beim Bau, der Ausstattung und der Anzahl der Reviereinrichtungen Augenmaß gefordert, damit am Ende nicht „des Guten“ zu viel getan wird.

Im ersten Teil des Buchs, „Praxistipps Rehwildjagd“, wurden bereits zahlreiche Aspekte zu den jagdliche Einrichtungen behandelt. Wichtige Punkte sollen hier noch einmal in Erinnerung gerufen und weitere Aspekte ergänzt werden.

Standortwahl

Bei der Standortwahl für einen Hochsitz gilt: Sicht geht vor Deckung! Weiterhin müssen Sicherheit, Stabilität bei Sturm und Schutz vor Blitzen sowie absolute Haltbarkeit gewährleistet sein.

Immer sollte der Jäger den Sitz möglichst unauffällig erreichen sowie verlassen können, ohne vom Wild bemerkt zu werden und stark frequentierte Schwarzwildwechsel zu kreuzen. Notfalls wählt man, damit die Menschenwittrung nicht zum erwarteten Auswechsel weht, einen Umweg.

Beim Bau der Ansitzeinrichtung gilt ferner, unterschiedliche Lichtverhältnisse zu berücksichtigen. Tief stehende Morgen- oder Abendsonne kann blenden.

Störende Zweige müssen behutsam entfernt werden, um freies Sicht- und Schussfeld zu gewährleisten. Im zeitigen Frühjahr freigeschnittene Hochsitze sind im Sommer mit frischem Laub beladen, die Äste sinken nach unten und behindern die Sicht, daher müssen sie nachgeschnitten werden.

Frei stehende oder an einen Baum gelehnte Ansitzleitern sind geeignet, wenn sie bei Wind nicht schwanken und regelmäßig freigeschnitten werden.

Ungeeignete Standorte

An anderer Stelle (S. 55 f.) wurde bereits erwähnt, dass Ansitzeinrichtungen unabhängig von den Bestimmungen des Landesrechts grundsätzlich so weit von

>TIPP

Im Wald wird es deutlich früher dunkel und später hell als auf Freiflächen. Diese Binsenweisheit wird bei der Standortwahl von Ansitzen oft genug vergessen.

der Reviergrenze entfernt sein sollten, dass nicht tödlich getroffenes Wild noch vor dieser Grenze und im eigenen Revier Deckung findet und ins Wundbett geht. Auch auf die Nachteile von Standorten unmittelbar an Wald-Feld- oder Wald-Wiesenrändern wurde weiter vorn eingegangen. 50, 60 m in den Wald zurückverlegt sind sie deutlich besser aufgehoben. Zwar wird es dort etwas früher dunkel und später hell als im Feld, dafür erscheinen die Sauen in der Walddeckung abends auch zeitiger und ziehen morgens noch länger darin umher.

Geschlossene Kanzeln sind windsicherer als offene Sitze, besonders, wenn sie wie hier nur an der „Sauenseite" ein Fenster haben.

Kanzeln

Insbesondere beim Ansitz auf das fein witternde Schwarzwild kommt der Vorteil nicht allseitig offener Kanzeln bzw. in Windrichtung geschlossener Fensterluken (s. S.56 und 92) zum Tragen. Letztere sollten aber nicht erst geöffnet werden, wenn die sauen bereits in unmittelbarer Nähe sind, denn sie vernehmen auch sehr gut!

Ausstattungsmerkmale

Für die Jagd bei Mondschein sind ein überstehendes Dach sowie vor den zum Mond ausgerichteten Fenstern eine Lichtblende sinnvoll, um Gesicht, Optik und Fensterscheiben zu beschatten. Ein großes Dach verhindert außerdem, dass Regen und Schnee ins Kanzelinnere geweht werden.

Sind Kanzelinneres, Ablagebrett und Gewehrauflage in der Fensteröffnung mit Teppichboden ausgeschlagen, werden Geräusche beim Anstoßen des Fernglases oder der Waffe verschluckt.

Ein Sitzbrett aus Styropor ist Nässe abweisend, leicht, isoliert hervorragend und wirkt im Winter als Unterlage für die Sitzbank und die Füße Wunder.

Offene Sitze

Ansitzböcke in Leichtbauweise, normalerweise nur ein, zwei Meter hoch, können problemlos transportiert und an

Auch zur Bejagung von Schwarzwild reicht mitunter ein solcher, einfach zu errichtender Ansitzschirm aus.

einem vielversprechenden Drückjagdstand aufgestellt werden. Am Feld, wo die Sauen zu Schaden gehen, oder an einem Acker, auf dem sie nach der Ernte Nachlese halten, verspricht so ein „Bock" eine erfolgreiche Jagd, zumal man ihn kurzfristig aufstellen oder auch wieder entfernen kann.

Das Sitzbrett dieser offenen Böcke sollte nicht angenagelt werden, sondern lose aufliegen, damit es bei Nässe umgedreht werden kann und man trocken sitzt.

Für feste Bodensitze, schnell hergerichtete, natürliche Schirme oder Erdlöcher gilt dasselbe.

>TIPP

Ein Streifen Teppichboden, zusammengerollt unter dem Fußboden des offenen Sitzes befestigt oder trocken in der Nähe versteckt, ist nützlich als griffbereite Sitzunterlage, die man nicht herumzutragen braucht.

Pirschpfade

Was nützt die teuerste Kanzel, der beste Wildacker, die schmackhafteste Kirrung, der versteckteste Tiefsitz, wenn man sie nicht lautlos und in Deckung erreichen kann?

Ein Netz von Pirschpfaden schafft Abhilfe und erleichtert die Bejagung von Sauen ungemein. Ein Pirschweg durch die Haupteinstände aber ist sinnlos, weil die Sauen durch menschliche Wittrung vergrämt werden.

Anlage

Der Mondschatten, den die Sauen nutzen, kann auch dem Jäger helfen. Pirscht er im Schatten, wird er von den Sauen schwerer wahrgenommen. Daher empfiehlt es sich, Pirschpfade (und Ansitzplätze) im Schatten von Bäumen und Büschen anzulegen.

Bei der Auswahl der Standorte gilt immer: Wo die Sonne am Tag Schatten wirft, tut das der Mond in der Nacht.

Größere Freiflächen, auf denen man mit Wildbegegnungen rechnet, mussten von allen Seiten von Pirschpfaden zu erreichen sein, damit man sich ihnen

>TIPP

Pirschsteige müssen natürlich regelmäßig von raschelnden Blättern, störenden Zapfen und trockenen Zweigen befreit werden. Führen sie durch Laubholzbestände, sind sie deshalb pflegeaufwendiger als in Nadelholzpartien.

bei jeder Windrichtung unbemerkt und schnell ohne längere Umwege nähern kann.

An die Möglichkeit, Pirschpfade erst 10 oder 20 m von Wegen entfernt im Bestand oder in der Dickung beginnen und enden zu lassen, um sie den Blicken von Wanderern und anderen Erholungssuchenden zu entziehen, sei hier ebenso erinnert wie an den Tipp, Pirschpfade mit hellem Sägemehl zu markieren in der Dunkelheit kenntlich zu machen.

Sägemehl bewährt sich auch auf geschotterten Forststraßen, die als Anmarschweg zu einem Sitz führen. Eine Fahrspur kann so in einen geräuschlosen Pirschweg verwandelt werden.

Rund um Kirrung und Fütterung

Wild anzufüttern, um es zu erlegen, ist eine uralte Jagdart, die weder vom ethischen noch gesetzlichen Standpunkt aus verwerflich ist.

Kirrung und Ablenkfütterung

Erst durch mangelnde Disziplin mancher Jagdscheininhaber sind Kirrungen in Verruf geraten, dabei sind sie, wie auch jede Fütterung, so gut oder so schlecht, wie man sie nutzt. Und wo liegt der Unterschied, ob wir die Sauen an der Kirrung (Körnung) erwarten oder aber an einem nicht abgeernteten Acker, einer für Wild angelegten Wiese oder unter Mast tragenden Bäumen?

Außerdem eignen sich viele Reviere wegen ihrer Lage, Größe oder fehlender Einstände nicht für eine Gesellschaftsjagd. Dort bleibt mitunter nur noch die Jagd an der Kirrung, um den Wildschaden in Grenzen zu halten.

An Ablenkfütterungen darf nicht geschossen werden. Sie sollen Sauen von

Wird regelmäßig gekirrt, ist auch bei ganz geringen Kirrmengen „die Hölle los"!

Flächen, an denen sie zu Schaden gehen können, durch reichlich Futter fernhalten oder mit der Fraßaufnahme so lange beschäftigen, bis sie vom anbrechenden Licht überrascht werden und nicht mehr auf die gefährdeten Felder ziehen.

Aber auch hier gilt es, Maß zu halten. Größere Futtermengen begünstigen die Vermehrung des Schwarzwildes und die „Verhausschweinung".

Man erkennt oft schon am Verhalten der Sauen, ob es sich um eine Ablenkfütterung oder um eine Kirrung handelt. An Ersterer erscheinen sie vertraut, mitunter schon bei gutem Licht, oft dieselbe Rotte, ein zweiter Schwarzwildverband wird meistens nicht in der Nähe geduldet, an Kirrungen verhalten die Sauen normalerweise nicht so lange.

Kirren stets mit Augenmaß!

Der tägliche Fraßbedarf von Frischlingen liegt im Sommer bei ungefähr 1,5 und im Winter bei 2,5 kg. Ältere Sauen benötigen vier bis fünf Kilogramm. Ihr Weidsack fasst bis zu sechs Kilogramm. Mit diesem „Fassungsvermögen" kann Schwarzwild lange Ruhepausen einlegen.

Kirrungen dürfen nur mit geringen, nach jeweiligem Landesrecht zulässigen Futtergaben beschickt werden, weil jedes Gramm zu viel das hohe Fortpflanzungspotenzial des Schwarzwildes steigert. Mehr ist aber auch nicht nötig: Werden Sauen am Kirrplatz nicht zu oft beunruhigt, suchen sie ihn immer wieder auf und nehmen auf dem Wechsel zu den Einständen oder Fraßstellen auch Umwege in Kauf. Daher ist eine regelmäßige

>INFO

„Schweinegold" in rauen Mengen

Die Jäger sind durch ihre langjährig geübte Kirr- und Ablenkfütterungspraxis sicher nicht haupt-, aber doch mitverantwortlich für die Zunahme des Schwarzwildes. Rechnet man bei 10,5 Millionen Hektar Wald bundesweit pro 100 Hektar eine täglich mit drei Litern Mais beschickte Kirrung, kann man sich ausrechnen, wie viel „Schweinegold" sie jährlich verfüttern ...

>TIPP

In der Vegetationszeit und in guten Mastjahren, wenn der Tisch für die Sauen reichlich gedeckt ist, sind Kirrungen und Ablenkfütterungen wenig interessant. Steht das Getreide hoch, werden sie oft sinnlos, da die Sauen lieber in große Getreideschläge ziehen, wo sie sich sicher fühlen.

Beschickung entscheidender als die Menge des Futters.

Wie viele Kirrungen?

In zusammenhängenden Waldgebieten mit geringem Feldanteil und guten Einstandsdickungen genügt eine Kirrung auf 200 ha; überwiegen Altholzbestände, reicht eine Kirrung für 300 bis 400 ha. Um bei unterschiedlichen Windverhältnissen auf andere Ansitze ausweichen zu können, ist es aber ratsam, mehrere Kirrungen im Revier anzulegen.

Werden im Revier jedoch zu viele Kirrungen beschickt, sinkt die Wahrscheinlichkeit, dass die Sauen gerade dort kommen, wo sie vom Jäger erwartet werden. Mit zunehmendem Jagddruck, auch aus den Nachbarrevieren, werden Kirrungen zudem immer zögerlicher angenommen.

Kirren wie viel?

Beim Kirren und Füttern sind unbedingt die von Bundesland zu Bundesland unterschiedlichen Verordnungen zu beachten. In Niedersachsen dürfen beispielsweise höchstens zwei Kirrungen auf einer Reviergröße von 75 ha eingerichtet und lediglich mit örtlich vorkommenden, nicht bearbeiteten, höchstens vier Kilogramm Baum-, Feld- und Waldfrüchten beschickt werden. Eine Nachbeschickung ist erst erlaubt, wenn das Kirrmaterial vollständig vom Wild aufgenommen wurde.

In Baden-Württemberg sind derzeit je Kirrplatz maximal drei Liter Kirrgut zulässig. Je Jagdbezirk dürfen zunächst grundsätzlich zwei Kirrplätze betrieben werden, weitere je nach Größe der Waldfläche im Revier.

>INFO

Unzugänglich für anderes Schalenwild

„Schweinegold" darf für Wiederkäuer nicht erreichbar sein – das fordert auch der Gesetzgeber –, da Mais deren Pansen aufblähen oder Fettleber hervorrufen kann. Damit er nicht von anderem Wild (oder Vögeln) aufgenommen – oder von Spaziergängern gefunden wird –, muss er ausreichend tief in den Erdboden eingebracht oder entsprechend sicher mit Erde, Steinen, Holzklötzen, Reisig etc. abgedeckt werden.

Kirrungen wo?

Für einen Kirrplatz eignen sich Schneisen, breite Ränder und Freiflächen in größeren Dickungen sowie lückige Altholzbestände mit ausreichend Licht.

Mit Altgras bestandene Flächen erleichtern in Mondnächten durch den hellen Untergrund das Ansprechen und einen sicheren Schuss. Günstige Standorte sind daher auch nach Süden offene Flächen für die Mondjagd. Schmale Waldschneisen, die in Nord-Süd-Richtung verlaufen, eignen sich ebenfalls für Kirrungen, weil der Mond, wenn er am höchsten steht, in sie hineinscheinen kann.

> **›INFO**
>
> ***„Maisschleppen"***
>
> *Keineswegs dürfen Kirrplätze im Feld angelegt werden, wo die Schweine zu Schaden gehen können. Damit sie von den Sauen noch schneller gefunden werden, kann man sogenannte Maisschleppen anlegen. Sparsam, Korn für Korn in ungefähr einem Meter Abstand zu den Plätzen hin auf den Boden gestreut, veranlassen sie die Schwarzkittel, dieser „Schleppe" zu folgen. Der Trick bewährt sich auch, um Sauen umzudirigieren, damit sie bei für den Jäger ungünstigen Windverhältnissen aus einer von ihm gewünschten Richtung zum Hochsitz ziehen.*

Faktor Mond

Im Sommer steht zwar die Sonne am höchsten, der Mond aber tief. Im Winter ist es umgekehrt, der Lauf des Mondes ist daher bei der Anlage von Kirrplätzen zu berücksichtigen.

Ein hoch stehender Halbmond bringt mehr Licht als ein tief stehender Vollmond.

Scheint der Mond dem Jäger entgegen und steht das Wild zwischen Ansitz und Beobachter, ist der Wildkörper klar anzusprechen. Wird der Jäger vom Mondlicht beschienen, leuchten das Gesicht und die Hände verräterisch und werden vom Wild eher eräugt als bei Licht im Rücken.

Scheint der Mond von hinten, treffen die Strahlen voll auf den Wildkörper, Schlag- und Rückschatten befinden sich dahinter, Kontraste und Schatten verschwimmen.

Bei der Wahl des Ansitzplatzes an einer Kirrung ist außerdem zu bedenken, dass Schwarzwild im Schatten hoher Bäume auch bei Vollmond schwer zu erkennen, geschweige denn anzusprechen ist. Nachteilig ist, wenn die Kirrung lange im Dunkeln liegt, weil die Schatten auf dem Boden mit dem Stand des Mondes wandern. Wird der Platz frühzeitig vom

Mond beschienen und noch früher vom Jäger bezogen, ist das günstiger, zumal das Wild hier zeitiger erscheint als im Feld.

Kirrgut

Mais wird am häufigsten zum Kirren verwendet. Mit Apfeltrester oder Silage gemischt, wird die Lockwirkung noch erhöht. Beizt man ihn mit Schwarzwildadditiv, das Vitamin B_{12} und Aminosäuren enthält, werden zusätzlich Wühlschäden auf Grünlandflächen reduziert.

Feinkörniges Material (Bruchmais) lässt Sauen länger verweilen, weil sie mehr Zeit zum Aufnehmen benötigen.

Sauen schätzen Anispulver und -samen sowie Kandiszucker und sie lieben Maggigeruch. Maggibrühwürfel, zwischen den Mais gemengt, halten sie auch länger an der Ablenkfütterung. Bei Frostgefahr kann dem Futter etwas Kochsalzlösung beigegeben werden, damit es nicht gefriert.

> **›TIPP**
>
> *Für unterschiedliche Windrichtungen sollten verschiedene Pirschpfade, auf denen man lautlos und in Deckung den Platz erreicht, zu Kirrungen führen. Ein Schirm oder eine Gewehrauflage am Boden an deren Ende macht Sinn, falls die Sauen bereits vor dem Jäger am Kirrplatz sind.*

Ideal: die Streifenkirrung

Es bewährt sich, Mais (oder anderes Kirrmaterial) in einer geraden Linie quer zum Ansitz und nicht weiter als 50 Meter davon entfernt auszubringen. So verteilen sich die Sauen beim Brechen über die Fläche, stehen nicht zu dicht beieinander, und man hat stets eine ungefähr gleiche Schussentfernung. Außerdem findet man gegebenenfalls den Anschuss vergleichsweise leicht, und die Sauen brechen keine große Fläche um, vor deren schwarzem Hintergrund ein sicherer Schuss unmöglich wird.

Ergänzende Hinweise

Sauen können den verdeckten Mais auf über 100 Meter Entfernung wittern, schieben das Abdeckmaterial problemlos zur Seite, um an Körner oder Kolben zu gelangen. Der Jäger kann bei der Kontrolle bereits aus der Ferne feststellen, ob die Kirrung angenommen wurde, ohne näher heranzugehen und seine „Duftmarke“ zu hinterlassen.

In einen Haufen Reisig geworfen, bleibt Mais für unerwünschte Kostgänger ebenfalls versteckt oder unerreichbar. Die Körner rieseln zwischen den Zweigen auf den Boden. Für Sauen aber ist das Gezweig kein Hindernis. Sie räumen es einfach zur Seite, und auch daran ist schon von Weitem zu erkennen, ob die Kirrung angenommen wurde.

Der Standort der Kirrungen und Ablenkfütterungen sollte jährlich gewechselt werden, andernfalls muss der Platz mit Brandkalk bestreut werden. „Dauerfutterplätze" werden zum Brutherd parasitärer Erkrankungen.

Rechts: An streifenförmig und quer zum Hochsitz angelegte Kirrungen stehen die Sauen für den Jäger breit und verdecken einander selten.

Unten: An plätzeweise ausgelegtem Kirrgut oder um solche Kirrrohre bilden die Schwarzkittel dagegen dichte „Knäuel" – ein sicherer Schuss fällt schwer.

Die Ausrüstung des Saujägers

Auch bei der Ausrüstung des Schwarzwildjägers will ich mich im Folgenden auf die wirklich notwendigen Gegenstände beschränken.

Waffen

Sauen werden fast nur entweder bei schlechtem Licht oder flüchtig beschossen. Daher hat Schwarzwild im Vergleich zu allen anderen Wildarten bei uns die höchste Verluderquote. Der regelmäßige Schießstandbesuch, wenngleich er leider noch nicht Pflicht ist, sollte für jeden Jäger deshalb eine Selbstverständlichkeit sein.

Im Paragraf 4 des Tierschutzgesetzes heißt es, dass ein Wirbeltier nur (unter Vermeidung von Schmerzen) töten darf, wer die notwendigen Kenntnisse und Fähigkeiten dazu besitzt. Die erwirbt man sich beim regelmäßigen Üben auf dem Stand durch Schießen auf den „laufenden Keiler“ sowie stehend freihändig, aufgelegt und angestrichen auf die Standscheibe.

Kombinierte Waffen

Mit einer kombinierten Waffe erzielt man mit dem jeweiligen Kugel- und Schrotlauf nicht unbedingt die Leistungen, die eine Flinte oder eine Repetierbüchse zeigt.

Zunächst einmal muss die „Ausstattung“ des Jägers selbst stimmen. Dazu gehören vor allem Schießvermögen und damit regelmäßiges Training.

Drillinge waren lange Zeit sehr gebräuchlich, galten als die klassische Mehrzweckwaffe, haben allerdings heute einen untergeordneten Stellenwert. Treffen die Schrotläufe auch mit Flintenlauf-

>TIPP

Die beste Waffe ist grundsätzlich die, mit der der Jäger am sichersten trifft. Es liegt am Schützen, nicht am Gewehr, ob und wie das Wild weidgerecht erlegt wird. Ein Blattschuss mit einer 7-mm-Kugel ist allemal besser als ein Weidwundschuss mit einer 9,3.

geschossen sicher, ist der Dreilauf immer noch eine ideale Waffe für Drückjagden und Niederwildjagden, bei denen mit Schwarzwild gerechnet werden kann.

Büchsflinten sind in Deutschland selten, Bockbüchsflinten zum Inbegriff für eine Kugel-Schrot-Kombination geworden.

Ob Büchs- oder Bockbüchsflinte, oft können sie durch Wechselläufe zu Bockflinten oder Bockbüchsen umfunktioniert werden. Damit hat man drei verschiedene Waffen mit derselben Schäftung.

Doppelbüchse

Die Möglichkeit, „fließend" zwei Kugelschüsse schnell hintereinander abzugeben, also einmalige Dubletten zu schießen, machen Doppelbüchsen zum Traum vieler DrückjagdJäger. Sie sind wie Flinten für den schnellen Schuss konzipiert: Schüsse können kurz hintereinander abgegeben werden, ohne dass das Schwingen mit der Waffe, wie es beim Repetieren der Fall ist, unterbrochen werden muss und dabei störende Geräusche entstehen.

Allerdings verzieht sich das bei den meisten Doppelbüchsen verlötete Laufbündel nach schneller Schussabgabe und verursacht so bei Schüssen mit einer Zieloptik Fehlschüsse, weil die Wärmeausdehnung eines beschossenen Laufes die Treffpunktlage des anderen beeinflusst.

Beim Schuss auf relativ kurze Entfernung kann das weitgehend vernachlässigt werden, beim Schießen auf größere Distanzen wird es problematisch. Mit einer kurzfristig mehrfach geschossenen Doppelbüchse erreicht man daher nicht die präzise Schussleistung eines „heißgeschossenen" Repetierers.

Repetierer und Selbstlader

Deshalb werden auf Drückjagden hauptsächlich klassische Repetierbüchsen oder Geradezugrepetierer, die eine schnellere Schussfolge ermöglichen, geführt.

Bei vielen Jägern immer noch verpönt sind halbautomatische oder Selbstladebüchsen. Sie sind nur mit einer Magazinkapazität von zwei Patronen erlaubt, eine dritte kann in den Lauf eingeführt werden. Halbautomaten bieten ebenfalls

Repetierer sind nach wie vor die meistgeführten Waffen auf der Saudrückjagd. Geradezugrepetierer werden immer beliebter.

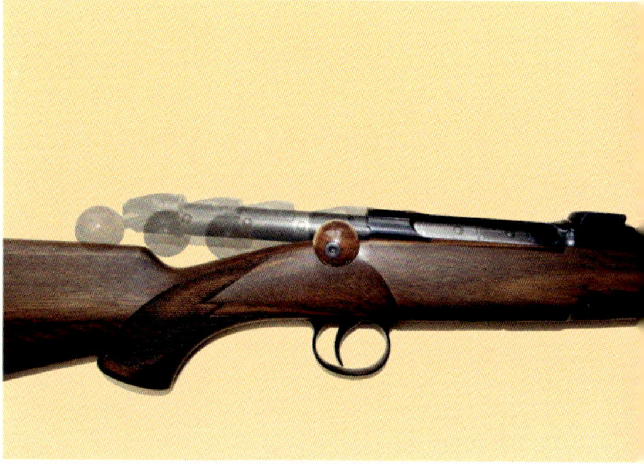

den Vorteil einer weitgehend ungestörten Schussfolge, verführen nach Meinung mancher aber auch zu „wilder Schießerei". Ob die eine Patrone mehr als bei der Doppelbüchse den Unterschied zwischen Waidmann und „Schießer" macht, sei dahingestellt. Wie bei jeder Waffe findet die Disziplin hinter dem Schaft statt!

Als unfallträchtig umstritten ist in Jägerkreisen auch der Stecher. Um auf große Entfernung präzise zu treffen, ist er von Vorteil, für kalte Finger auf einer winterlichen Drückjagd nicht. Daher setzt sich als „Universalabzug" bei Repetierbüchsen der Flintenabzug immer mehr durch. Der kurze Weg und geringe Widerstand stellen einen guten Kompromiss dar.

Kugelmunition

Schwarzwild ist schusshart, zeichnet bei einem Treffer oftmals kaum, was den ungeübten Schützen vermuten lässt, er habe vorbeigeschossen. Wegen dieser Schusshärte entstehen bei ungünstiger Trefferlage oder ungeeigneter Munition Nachsuchen, und ein Stück muss lange leiden.

Zur Jagd und natürlich auch zur Schwarzwildjagd verwendete Munition muss einen möglichst schnellen Tod ohne Leidenszeit und ohne übermäßige Zerstörung des Wildbrets gewährleisten und darf dabei die Umgebung und Mitmenschen nicht über Gebühr gefährden.

> **›TIPP**
>
> *Kriterium Nr. 1 für Patrone und Geschoss ist die Präzision, die beide mit der entsprechenden Waffe liefern, denn „Treffen ist immer noch das beste Kaliber." Die geeignete Geschossstärke ist immer diejenige, die ein Schütze ohne mentale und physische Belastung verschießen kann.*

Kaliber und Geschoss

Moderne Geschosse besitzen meistens einen breiten Einsatzbereich, und es stehen für alle Bedürfnisse, Wildarten, Revierverhältnisse usw. eine Auswahl an Waffen, Kalibern und Laborierungen zur Verfügung.

Das Universalkaliber oder die Idealpatrone für Schwarzwild vom schwachen Frischling bis zum kapitalen Hauptschwein gibt es zwar nicht – und das gilt für Büchsen, Flinten und Faustfeuermunition gleichermaßen –, aber mit verschiedenen Laborierungen lässt sich eine Waffe auf unterschiedlich starkes Wild fast optimal einsetzen.

Gemäß Bundesjagdgesetz ist es verboten, auf Schalenwild (außer Rehwild) mit Büchsenpatronen unter einem Ka-

Schwer, stumpf und hohe Auftreffwucht: Mit dem „guten alten“ Teilmantel-Rundkopf-Geschoss in 9,3 x 62 liegt man auf Sauen sicher nicht falsch.

liber von 6,5 mm und einer Mindestauftreffenergie auf 100 Meter (E100) von 2 000 Joule zu schießen.

In Revieren, in denen neben Schwarz- und Rot- auch Rehwild vorkommt, wird man daher ein Geschoss verwenden, das sich für alle drei Wildarten eignet, obwohl es, wie schon erwähnt, ein ideales Geschoss für alles Wild, starkes wie schwaches, nicht gibt.

Geschosswirkung

Große Kaliber mit harten Geschossen zeigen bei schwachem Wild mitunter wenig Wirkung. Ausschlaggebend für die Wirkung im Wildkörper ist nämlich hauptsächlich die Geschosskonstruktion und nicht das Kaliber. Bei starken Sauen empfiehlt sich ein schwereres Kaliber, wobei eine stärker gekrümmte Flugbahn und (bei schwächeren Stücken) größere Wildbretzerstörung in Kauf genommen werden müssen.

Unabhängig von der Laborierung und der Konstruktion muss ein Geschoss auf Schwarzwild eine hohe Auftreffwucht mitbringen und die für die nötige Schockwirkung ausreichende Zerlegung im Wildkörper gewährleisten: Zu empfehlen ist also ein schweres, stumpfes Geschoss, das genügend Schnittborsten abstanzt, viel Energie abgibt und somit einen großen Ausschuss bei geringerer Wildbretzerstörung liefert.

Bei Schnappschüssen auf flüchtige Sauen, die eine schmale Schneise überqueren, kommt auch der geübteste Schütze mitunter „zu weit hinten“ ab. In solchen Fällen können Ein- und Ausschuss nicht groß genug sein, um bei einer Nachsuche der Hundenase die Arbeit zu erleichtern.

Inwieweit die derzeit intensiv diskutierten und möglichweise bald generell vorgeschriebenen bleifreien Geschosse

Mancherorts schon Pflicht: bleifreie Geschosse. Ob ihre Stopp- und Tötungswirkung ausreicht, ist derzeit noch umstritten.

den vorstehend genannten Anforderungen genügen, wird vielleicht die Zukunft zeigen.

Nicht unter sieben Millimeter

Für Rehwild ist die Wahl einer passenden Gewehr-Kaliber-Kombination recht einfach, weil ein Reh nur sechs bis maximal 30 kg wiegt; Sauen werden dagegen von zehn (Frischlinge) bis über 150 kg Gewicht bejagt!

Man darf deshalb nicht die unterste Grenze des vorgeschriebenen Büchsenkalibers, sondern sollte mindestens ein 7-, möglichst 8-mm-Geschoss wählen, lieber an der Waffe sparen und das Geld für Übungsmunition auf dem Schießstand ausgeben.

Kurzwaffenmunition

Bei Kurzwaffen für die Nachsuche müssen die gesetzlichen Mindestanforderungen von 200 Joule Mündungsenergie beachtet werden. Die kleinste gängige Patrone, die diesen Anforderungen entspricht, ist die Pistolenmunition im Kaliber 7,65 mm.

Empfehlenswert für Nachsuchen auf Sauen sind die Pistolenpatrone 9 mm Para und das Revolverkaliber .357 Magnum. Aus Revolvern in diesem Kaliber können auch schwächere Patronen wie .38 Spezial und für das Übungsschießen preiswerte Scheibenmunition verschossen werden.

Flintenlaufgeschosse

Vor allem beim Flüchtigschießen haben sich Flintenlaufgeschosse, obwohl bei manchen Jägern verpönt, bewährt. Es sollte allerdings nicht weiter als auf 30 Meter mit ihnen geschossen werden – eine Entfernung, die auf Drückjagden meistens ausreicht, allerdings nicht bei den sich zunehmend durchsetzenden großräumigen „Ansitz“-Drückjagden.

Vorteile ...

Vorteile des Flintenlaufgeschosses sind seine schnelle, schockartige Wirkung auch bei nicht ganz optimalen Treffern, ausreichend Schweiß durch den kalibergroßen Ein- beziehungsweise Ausschuss, hohe Energieabgabe im Wildkörper und die damit – in dieser Hinsicht! – geringe Gefährdung des Hintergeländes sowie gegenüber Büchsengeschossen geringere Wildbretentwertung.

Die Flinte muss aber jeweils mit dem entsprechenden Geschoss eingeschossen sein, da jedes Fabrikat einen anderen Haltepunkt hat, und die Flugbahn muss beim Vorhaltemaß miteinberechnet werden. Die gebräuchlichsten Geschosskonstruktionen in Deutschland sind die der Firma Brenneke. Im Ausland werden sogar eigens für das Verschießen von Flintenlaufgeschossen konstruierte Flinten geführt und die Bandbreite an Geschossen, sogenannten Slugs, ist hoch.

Flintenlaufgeschosse: wirkungsvoll, aber nicht ungefährlich!

>TIPP

Wegen der Gefährdung der Umgebung durch Abpraller verbieten manche Jagdleiter die Verwendung von Flintenlaufgeschossen auf ihren Gesellschaftsjagden oft schon in der Jagdeinladung.

... und Nachteile

Flintenlaufgeschosse wirken bei Schüssen auf kurze Entfernung (30 bis 40 m) verlässlich, werden aber leicht von Hindernissen in der Flugbahn abgelenkt oder enden als Querschläger, wenn sie auf hartem (gefrorenem) Boden oder Steinen abprallen. Sie sind daher für die Umgebung gefährlicher als Teilmantelgeschosse für Büchsen, die sich normalerweise bei der Berührung mit Hindernissen und beim Aufprall auf hartem Boden zerlegen.

Zieloptiken und -hilfen

Offene Visierung

Schießen über offene Visierung ist aus der Mode gekommen, weil sich das menschliche Auge auf mehrere Entfernungen gleichzeitig einstellen, Kimme, Korn und Ziel gleich scharf sehen muss. Das ist vor allem für ältere Jäger und Brillenträger auf größere Entfernung oder bei schlechten Lichtverhältnissen oft schwierig.

Viele Waffenhersteller und Büchsenmacher haben das aber noch nicht erkannt oder umgesetzt. Sie fertigen immer noch Gewehre mit Schäften an, die zwar für das Schießen über die offene Visierung hervorragend liegen, aber für den Schuss mit dem hoch montierten Zielfernrohr zwangsläufig zu niedrig sind. Sicheres Anschlagen für schnelle Schüsse ist mit ihnen nahezu unmöglich.

›TIPP

Manche Jäger schießen immer noch am liebsten über Kimme und Korn: Beim schnellen Schuss, zum Beispiel auf der Nachsuche, erfasst man damit bewegliche Ziele einfach schneller.

Von manchen Jägern wird sie für den schnellen Schuss auf kurze Distanz nach wie vor geschätzt: die offene Visierung.

Moderne Drückjagd-Zielfernrohre bieten breites Sehfeld, beleuchtetes Absehen und die Möglichkeit einer meist bis zu vierfachen Vergrößerung.

Zielfernrohre

Bei der Kennzeichnung von Zielfernrohren (und Ferngläsern) steht die erste Zahl für die Vergrößerung. Eine achtfache Vergrößerung beispielsweise bedeutet, dass eine hundert Meter entfernte Sau durch das Glas so gesehen wird, als sei sie lediglich 12,5 Meter entfernt (100 : 8 = 12,5).

Die zweite Zahl steht für den Objektivdurchmesser: Je größer er ist, desto mehr Licht erhält das Auge.

Leider herrschen bei der Schwarzwildjagd oft keine guten Lichtverhältnisse. Deshalb muss man eine optimale Zieloptik verwenden – Zielfernrohre mit hoher Vergrößerung verleiten leicht zu Weitschüssen. Als universelle Zielfernrohre für den Jagdeinsatz bieten sich variable mit den Vergrößerungsbereichen 2,5 bis 10 oder 3 bis 12 und Objektivdurchmessern von 48 oder 50 mm an.

Wer es optimal möchte, richtet Vergrößerung und Objektivdurchmesser danach aus, ob sie bei Pirsch, Ansitz, Drückjagd oder in der Dämmerung eingesetzt werden: An Kirrungen wird auf recht kurze Entfernungen geschossen. Hier bringen starke Vergrößerungen durch den geringeren Sehfelddurchmesser ebenso viele Nach- wie Vorteile.

Zum Flüchtigschießen wählt man sinnvollerweise Zielfernrohre mit einer geringen Vergrößerung und einem großen Sehfeld. Zwar rückt der Wildkörper in solchen Zielfernrohren optisch in die Ferne, aber man kann das Ziel schneller aufnehmen, das Umfeld besser überblicken (Sicherheit!) und Lücken im Bestand eher erkennen.

Für den Nachtansitz eigenen sich Zielfernrohre mit mindestens sechsfacher oder variabler Vergrößerung und einem großen Objektivdurchmesser von 50 bis 56 mm, da hierfür eine ausreichende Dämmerungsleistung wichtiger ist als geringes Gewicht oder handliche Maße.

Ist es so dunkel, dass Wild noch angesprochen, das Absehen aber nicht mehr klar erkannt werden kann, hat ein Schuss sowieso zu unterbleiben – auch mit Leuchtabsehen.

Leuchtpunkt-Zielhilfen

Leuchtpunkt-Zielgeräte sind nicht vergrößernde Visiereinrichtungen mit einem in der Lichtintensität regelbaren rot leuchtenden Punkt für den schnellen Schuss bei gutem Licht und auf nahe Entfernung.

Der Leuchtpunkt ist unabhängig vom Licht stets gut zu erkennen und verdeckt zum Unterschied zu Kimme und Korn das Ziel nicht. Ein weiterer Vorteil vieler Leuchtpunktvisierungen ist, dass ihre Ziellinienhöhe mit der des Zielfernrohres identisch ist und der gewohnte Anschlag mit der vertrauten Waffe beibehalten werden kann.

Die Geräte sind hilfreich, wenn man Auge, Kimme und Korn nur noch schlecht koordinieren kann, haben aber den Nachteil, dass sie mit leerer Batterie nicht funktionieren.

Variable Drückjagd-Zielfernrohre, die neben einem herkömmlichen ein regelbares, beleuchtbares Absehen haben, vereinen in sich die Vorteile des traditionellen Drückjagd-Zielfernrohrs mit denen des Leuchtpunkt-Zielgeräts.

Ferngläser

Kenngrößen

Die rechnerische Dämmerungsleistung (Wurzel aus dem Produkt von Vergrößerung und Objektivdurchmesser) sagt bei Ferngläsern wenig über deren Leistung in der Dämmerung aus, denn mindestens ebenso entscheidend ist die Oberflächenvergütung der Linsen.

Eine weitere wichtige Komponente ist die Austrittspupille, die helle Kreisfläche auf der Okularlinse, wenn man das Glas ungefähr 30 cm vom Auge entfernt hält. Ihr Durchmesser errechnet sich, indem man den Objektivdurchmesser durch die Vergrößerung teilt.

Ideal für die Pirsch sind leichtere Ferngläser mit Objektivdurchmessern zwischen 30 und 50 mm (im Bild ein 7 x 42).

Die Pupille des menschlichen Auges ist bei Tageslicht zwei bis drei, in der Dämmerung bis sieben Millimeter geöffnet. Daher sollte die Austrittspupille des Glases nicht kleiner als zwei, aber auch nicht größer als sieben Millimeter sein. Über- oder Unterschreitungen können vom menschlichen Auge nicht mehr genutzt werden beziehungsweise das Auge nicht optimal versorgen.

Nicht über zehnfach

Vergrößerungen über das Zehnfache hinaus sind für die Beobachtung aus freier Hand problematisch. Durch kaum merkliches Zittern der Hände entsteht ein unruhiges, unscharfes Bild. Ideal sind ein handliches und leichtes Pirschglas (z. B. 7 x 42), dessen Objektivdurchmesser zwischen 30 und 50 Millimetern liegt, und ein Ansitzglas für schlechte Lichtverhältnisse (z. B. 8 x 56) mit einem Objek-

> **›TIPP**
>
> *Mit zunehmendem Alter lässt die Flexibilität der menschlichen Pupille nach. Die Augen betagter Jäger können sehr große Austrittpupillen eines Fernglases also gar nicht mehr ausnutzen.*

tivdurchmesser zwischen 50 und 60 Millimetern (vgl. S. 107).

Je stärker die Vergrößerung und je größer der Objektivdurchmesser ist, desto schwerer ist das Glas. Ein breiter Trageriemen ist daher empfehlenswert.

Bekleidung

Bei der Jagd auf Schwarzwild kann die Bekleidung über Erfolg oder Misserfolg entscheiden. Sie wird vielerorts noch von Tradition, Mode oder Geschmack und nicht vom praktischen Nutzwert bestimmt.

Die Vorteile von Camouflagekleidung bei der Jagd wurden im Abschnitt Rehwild (s. S. 105 f.) ausgeführt. Da Sauen schlecht äugen und auch ihr Farbsehvermögen überdies nur sehr reduziert ist, spielt eine optimale Tarnung bei der Saujagd eine nur untergeordnete Rolle. Hilfreich ist sie am ehesten bei der Pirsch, wenn sich der Jäger bewegt.

Sauen werden vornehmlich im Herbst oder Winter bejagt. Für die kälteren Jahreszeiten ist deswegen entsprechende warme Kleidung besonders wichtig, ein Nachtansitz bei klirrendem Frost wird sonst zur Qual. Dank (segens)reicher Entwicklungen des 20. Jahrhunderts auf dem Textilsektor kann man heute eine

Schwarzwild äugt schlecht: Camouflagekleidung braucht der Jäger allenfalls auf der Pirsch, bei der er sich bewegt.

>TIPP

Für lange Ansitze ist das „Zwiebelsystem" von Vorteil. Statt eines dicken Kleidungsstücks zieht man mehrere dünne übereinander. Zwischen den einzelnen Schichten wird Luft gespeichert, die besser isoliert als dickes Futter. Beim Marsch zum Ansitz trägt man mehrere Pullover im Rucksack, um sie erst am Ziel überzuziehen. Ideal sind Lagen aus moderner Funktionskleidung.

Nacht auf dem Ansitz warm und mollig verbringen, ohne hohe Gewichte mit sich herumzutragen und fast unbeweglich zu sein, denn moderne Materialien wie Kunstfasern für die Herstellung von geeigneter Kleidung erleichtern die Jagd. Bei allem Traditionsbewusstsein sollte man für solche Neuerungen durchaus dankbar sein.

Loden

Klassischer Lodenstoff (gewalkte Wolle) ist geräuscharm, reißfest, wasserabweisend und wärmt auch noch, wenn er nass wird. Der gute alte Lodenmantel mit verdeckter Knopfleiste, die Klappern des Fernglases an den Knöpfen verhindert, und einem dicken Knopf auf der rechten Schulter angenäht, der lästiges Abrutschen der Waffe erschwert, ist immer noch praxisgerecht.

Wolle hat generell gute Wärmeigenschaften und absorbiert Feuchtigkeit. Kleidung aus reiner Wolle oder Mischgewebe mit Wollanteil bleibt auch bei längerem Tragen noch geruchsneutral.

Kunstfasern

Moderne Funktionskleidung hat ihn allerdings auch bei Jägern verdrängt. Fleecestoffe sowie teddyplüschartige Faserpelze sind atmungsaktiv, wasserabweisend oder wind- und wasserdicht, geräuschlos und trocknen schnell.

>TIPP

Schwarzwild vernimmt sehr gut und wird bereits durch das Öffnen eines Klettverschlusses, das Rauschen, Rascheln oder das Knistern bestimmter Stoffe zur Flucht veranlasst.

Gewebe aus Kunstfasern sind mitunter besser als solche aus Naturfasern und erfüllen hinsichtlich Gewicht, Kälteschutz, Wasser- sowie Winddurchlässigkeit Anforderungen, die mit Naturfasern manchmal kaum zu erreichen sind. Deshalb wird den Naturfasern ein Anteil von Kunstfasern beigemischt, der die Strapazierfähigkeit und den Tragekomfort erhöht.

Auf Oberbekleidung mit Nässeschutzmembranen sollte verzichtet werden, weil bei starkem Schwitzen der Feuchtigkeitsrückstand kondensiert. Besser sind Materialien, die größere Wasserdampfmengen passieren lassen und trotzdem Wasser abweisen.

Dünne Klima-, Sport- oder Thermounterwäsche aus Kunstfasern, wie sie Wintersportler tragen, saugt die Feuchtigkeit der Haut nicht auf, sondern transportiert sie von der Haut nach außen, und der Jäger bleibt, auch wenn er sich bewegt, verhältnismäßig trocken.

> **>TIPP**
>
> *Über die Kopfhaut geht viel Körperwärme verloren. Wenn es kalt ist, leistet eine Woll- oder Pelzmütze bessere Dienste als der gewohnte Jagdhut.*

Auf der Drückjagd

Bei Drückjagden sollte die Kleidung gute Bewegungsfreiheit gewährleisten, damit ein fließender sicherer Anschlag möglich wird. Ratsam ist es, nach dem Anziehen verschiedene Anschläge zu üben. So zeigt sich, ob man zu dick eingemummelt ist, sich der Schaft der Waffe vor der Schulter beziehungsweise an einer störenden Brusttasche verhakt oder sich der Kragen zwischen Kolben und Wange drängt und den flüssigen Anschlag stoppt.

An den Füßen

Schuhe für den Winteransitz sollten eine Nummer größer als für die Jagd im Sommer sein. Ein zusätzliches Paar Socken schafft weitere Luftpolster, die einige Minusgrade mehr aushalten lassen.

Vorbei sind die Zeiten des „Einheitslodens". Für die Drückjagd und andere Jagdarten gibt es mittlerweile geeignete Bekleidung in allen Schattierungen.

Praktisches Zubehör

Ansitzsack und Wärmespender

Bei niedrigen Außentemperaturen empfiehlt sich ein Ansitzsack (aus Daunen).

Ansitzsäcke, vorn bis zum Hals, hinten über die Schultern gezogen, sollten stark isolieren und ein möglichst geringes Packmaß haben. Ein Frontreißverschluss zum bequemen Ein- und Aussteigen ist ratsam.

Bei der Jagd im Winter bewähren sich künstliche Wärmequellen: Für Schuhe und Handschuhe werden akkubetriebene Geräte angeboten, chemische Wärmekissen halten je nach Größe die Wärme bis zu 15 Stunden, handflächengroße, stoffumhüllte Taschenöfchen in der Mantel- oder Hosentasche bis zu zehn Stunden.

Pirsch- und Schießstock

Das „dritte Bein" des Jägers ist auch bei der Schwarzwildjagd sowohl eine Hilfe beim Laufen in schwierigem Gelände, als auch als Zielstock und als Fernglasstütze nutzbringend einsetzbar. Wie so ein Pirschstock aussehen kann, wurde bereits erörtert (s. S. 108).

Hoch hinaus will das Schwarzwild mit seinen Bestandszahlen. Regulierung und Reduzierung tut not – aber bitte mit allem gebotenen Respekt und wildbiologisch sinnvoll!

Checkliste Drückjagdvorbereitung

Vor dem Jagdtermin

- *Verbot von Gesellschaftsjagden an Sonn und Feiertagen beachten;*
- *Jagd möglichst nicht vor Feiertagen oder Wochenenden terminieren (Nachsuche/Öffentlichkeit);*
- *Organisation von revierübergreifenden Jagden mit Nachbarrevieren abstimmen;*
- *Berücksichtigung von Tageseinständen, die lange ungestört blieben und deshalb besonders erfolgversprechend sind;*
- *Die Zahl der einzuladenden Schützen richtet sich nach der Anzahl guter Stände, nicht umgekehrt!*
- *Anpassung an Zeiträume, in denen das Wild bevorzugt im Revier steht;*
- *Berücksichtigung von Veranstaltungen wie Volkslauf, Manöver etc.;*
- *in Laubholz- oder unterholzreichen Revieren den Jagdtermin in den frühen Winter legen, da sonst noch zu viel Laub an den Bäumen ist;*
- *Lokalreservierung für das Schüsseltreiben.*

Jagdeinladung

- *Schriftliche Einladung mindestens vier Wochen vor Jagdtermin mit Bitte um Antwort bis ... (Datum);*
- *Information bewährter ortskundiger und passionierter Treiber;*
- *rechtzeitige Einladung erfahrener Hundeführer mit genügend stöbernden Hunden;*
- *Einladung von Nachsuchengespannen zum Jagdtag und für den Folgetag (Achtung: Manche Führer von Hannoverschen Schweißhunde lassen ihren Hund kein Rehwild nachsuchen!);*
- *Einladung ausreichend vieler Jagdhornbläser unter Schützen/Treibern/Hundeführern;*
- *Treffpunkt-Skizze der Einladung beifügen.*
- *Angabe freigegebenes Wild*
- *geplanten Jagdablauf skizzierten*
  - *Angabe Anzahl Treiben*

- *Angabe voraussichtliche Dauer der/des Treiben(s)*
- *verlangte und empfohlene Ausrüstung (Jagdhorn, Sitzstock, Verpflegung)?*
- *gestellte Verpflegung wie und wann?*

Vor der Jagd

- *Anmeldung der Jagd bei der Straßenverkehrsbehörde/Polizei (in manchen Bundesländern vorgeschrieben);*
- *Überprüfung der Jagdeinrichtungen und ihrer Sicherheit (Jagdeinrichtungen für Einzeljagden sind nicht immer für Drückjagden geeignet!);*
- *Stände freischneiden, nummerieren und kartieren;*
- *Auswahl der Schützenstände (Sicherheitsaspekt!)*
- *Stände nicht zu nahe beieinander wählen, damit einmal beschossenes Wild weiteren Schützen nicht nur hochflüchtig kommt;*
- *klare und vollständige Einweisung der Schützen an ihren Ständen.*
  - *Wo stehen die Nachbarschützen?*
  - *in welche Richtung geht das Treiben? Wo sind die Treiber zu erwarten? (Treiber und Hundeführer müssen sich in Nähe der Schützen deutlich bemerkbar machen!)*
  - *Wohin darf nicht geschossen werden (Nachbarschützen, Straßen, Spaziergänger)?*
  - *Folge nach dem Treiben? Wird jeder Schütze von seinem Stand abgeholt oder andere Folge?*
- *Streckenplatz aussuchen und herrichten (Schmuckreisig, Fackeln, Feuerholz, Brüche).*

Organisation der Treiben

- *Wie viele Treiben?*
- *Beginn und Ende der Treiben? (Nach jedem Treiben Zeit für Anschusskontrollen und ggf. zum Aufbrechen einplanen!)*
- *Wann und wo Mittagspause, Streckelegen, Schüsseltreiben?*
- *Genügend Zeit für Anstellen, Umsetzen und Pausen einplanen;*
- *Einteilung der Schützen in Gruppen; vorher Vor-Ort-Einweisung der Gruppenführer, Treiber und Hundeführer (mit Hilfe einer Revierkarte!);*

- *Besetzung schwieriger Stände mit besonders erfahrenen Jägern.*

Hundeeinsatz

- *Viele Hunde verderben die Jagd: so wenig wie möglich, aber so viele wie nötig!*
- *Schnallen stöbernder Hunde wann?*
- *Nach Ende des Treibens herrenlose Hunde zum Sammelplatz mitnehmen?*
- *Adresse des nächsten Tierarztes an Hundeführer aushändigen;*
- *Wasser für Hunde vorhalten.*

Am Jagdmorgen/Treffpunkt

- *Hauptwege beschildern: „Achtung Gesellschaftsjagd – Betreten/Durchgang verboten."*
- *Verkehrsberuhigung von Straßen mit behördlicher Genehmigung (Straßenverkehrsbehörde) und Unterstützung der Polizei (rechtzeitig beantragen!);*
- *Treffpunkt/Streckenplatz, ausreichend groß für Jagdgesellschaft und deren Autos markieren;*
- *Feuer vorbereiten;*
- *Einweisung der Autors eintreffender Jagdgäste*
- *Gästeliste führen (hilfreich zur Kontrolle am Treffpunkt);*
- *Jagdscheinkontrolle;*
- *eventuell Ausgabe von Standnummern (Losen);*
- *Ausgabe von Treiberwesten und Hutsignalbändern;*
- *Ausgabe von Markierungsbändern zur Anschussmarkierung;*
- *Ausgabe von Namenskarten oder Nummern, um Wild markieren und später den Erlegern zuordnen zu können;*

Ansprache des Jagdleiters

- *Begrüßung (Jagdsignale?); Tagesablauf; – Sicherheitsbelehrung, u. A. Hinweis auf zehn Hauptregeln für das Verhalten auf Gesellschaftsjagden (siehe Rückseite des Jagdscheines);*
- *Bekanntgabe exakter Anfang und Ende des/der Treiben(s) (nach Uhrzeit jagen, Uhrenvergleich);*

- *Angabe zur Wildversorgung: Aufbrechen zentral/am Stand? (Hinweis auf Vorschriften des Fleischhygienegesetzes; falls vorgesehen, zeitlich exakte Bekanntgabe von Aufbrechpausen!)*
- *Bekanntgabe des freigegebenen Wildes nach Wildart, Altersklasse und Geschlecht;*
- *Vorstellung der Gruppenführer und Bekanntgabe der Gruppeneinteilung;*
- *Verteilung (ggf. Auslosung) der Stände;*
- *Organisation des Transports zu den einzelnen Ständen (Fahrgemeinschaften bilden);*
- *Aushändigung von Wildbeobachtungszetteln (sie erleichtern die Nachsuchenorganisation, gestatten Optimierung des Schützenstandauswahl in Folgejahren und geben Aufschluss über Wildbestände).*

Mittagsplatz

- *Sitzgelegenheiten herrichten; ggf. Feuer vorbereiten*
- *Organisation von Parkmöglichkeiten für Autos;*
- *Abstellmöglichkeiten für Gewehre;*
  Wetterschutz vorsehen;
- *Feuer vorbereiten und rechtzeitig anzünden!*
- *Organisation der Essens- und Getränkeausgabe*

Wildbergung und -versorgung

- *Je Schützengruppe ein Pkw mit Anhänger, falls nötig allradgetrieben;*
- *Wildbergung durch Schützen oder mit Revierhelfern bis zur nächsten befahrbaren Waldstraße;*
- *Aufbrechen am Stand oder zentral? Zentrales Aufbrechen durch „Profi"?*
- *Am Streckenplatz*
  - *Gestelle zum Aufbrechen des Wildes im Hängen und zum Auskühlen des Wildes*
  - *Wasser in Trinkwasserqualität vorhalten*
  - *Tonnen zur Entsorgung von Aufbrüchen vorhalten*
  - *bei Direktverkauf ab Streckenplatz: Waage vorhalten*

Die Autoren

Publizist **Gert G. von Harling**, Jahrgang 1945, ist seit mehr als 50 Jahren versierter Jagdpraktiker und hat in nahezu allen Teilen der Erde gejagt. Der meistgelesene Jagdbuchautor des deutschsprachigen Raums, Literaturpreisträger und des Internationalen Jagdrates (CIC) und Kulturpreisträger des Deutschen Jagdverbandes hat weit über 40 jagdliche Fachbücher und erzählende Werke verfasst und war an mehr als 20 weiteren Büchern als Autor oder Mitarbeiter beteiligt. Seine Publikationen sind in sieben Sprachen erschienen.

Birte Keil, Jahrgang 1960, ist seit vielen Jahren für ihre herausragenden Wildtier- und Jagdillustrationen bekannt. Sie schreibt und zeichnet mit großer Fachkenntnis in namhaften Jagdmagazinen und hat bereits zahlreiche Jagdbücher mit präzisem Strich bebildert. Bekannt sind unter anderem ihre detailgetreuen und praxisnahen Zeichnungen für Artikelserien in den überregionalen deutschsprachigen Zeitschriften WILD UND HUND, Pirsch, JÄGER, unsere Jagd, Der Anblick und in verschiedenen fremdsprachigen Magazinen.

Register

Bildnachweis

Mit 125 Fotos von Karl-Heinz Volkmar (84) sowie von Carsten Bothe: S. 208; Verfasser Gert G. von Harling (6): S. 53, 77 beide, 89, 145, 161; Frank Hecker: S. 188; Horst Jegen (2): S. 80, 137; Ekkehard Ophoven (30): S. 55, 59, 75, 83, 97, 103, 104, 107, 108, 147, 178, 182, 187, 206, 213, 217, 220, 222, 225 beide, 226, 227, 229, 230, 231, 232 beide, 233, 235, 238; Wilfried Sloman: S. 207

Mit 84 Illustrationen von Verfasserin Birte Keil

Impressum

Umschlaggestaltung von Populärgrafik, Stuttgart, unter Verwendung zweier Fotos von Karl-Heinz Volkmar

Mit 125 Farbfotos, 15 Farbzeichnungen und 69 Schwarzweißzeichnungen

Unser gesamtes lieferbares Programm und viele weitere Informationen zu unseren Büchern, Spielen, Experimentierkästen, DVDs, Autoren und Aktivitäten finden Sie unter **kosmos.de**.

FSC www.fsc.org
MIX
Papier aus verantwortungsvollen Quellen
FSC® C084279

Gedruckt auf chlorfrei gebleichtem Papier

ISBN 978-3-440-14321-6
Redaktion: Ekkehard Ophoven
Produktion: Die Herstellung
Printed in Slowakia / Imprimé en Slowaquie

Alle Angaben in diesem Buch erfolgen nach bestem Wissen und Gewissen. Sorgfalt bei der Umsetzung ist indes dennoch geboten. Der Verlag, der Autor und die Herausgeber übernehmen keinerlei Haftung für Personen-, Sach- oder Vermögensschäden, die aus der Anwendung der vorgestellten Materialien und Methoden entstehen können.

Mehr Wissen
—— für die Jagd

Im deutschsprachigen Raum werden jährlich etwa 3,7 Millionen Schüsse auf Schalenwild abgegeben. Werden Tiere verfehlt oder gar verletzt, kommt es auf den Jäger an: Nur sein korrektes Verhalten am Anschuss und seine richtigen Entscheidungen können Leiden des Tieres verhindern. Wie er dabei vorgehen muss, erläutern versierte Profis in diesem Buch. Der unverzichtbare Praxisratgeber für den Jagdalltag.

144 Seiten, ca. €(D) 24,99

In mehr als 280 Abbildungen und Texten wird über Erkennungsmerkmale, Vorkommen und Verhalten von 138 wild lebenden Tierarten informiert. Wichtige jagdliche Aspekte ihrer Bejagung sowie Jagdzeiten und -arten, sind übersichtlich zusammengestellt. Ideal zur Vorbereitung zum Jagdschein. Extra: Laute von über 80 im Buch behandelten Arten können auf der beigefügten Audio-CD gehört werden.

176 Seiten, ca. €(D) 19,99